Praktikum der
Chromosomenanalyse

Monsieur Bernard Dutrillaux
Maître de Recherche au C.N.R.S.
Docteur en Médecine
Docteur dès Sciences

Université René Descartes
Chaire de Génétique Fondamentale
Institut de Progenèse
15, rue de l'Ecole de Médecine
75270 PARIS CEDEX 06

Monsieur Jérôme Couturier
Chargé de Recherche au C.N.R.S.
Docteur en Médecine

Université René Descartes
Chaire de Génétique Fondamentale
Institut de Progenèse
15, rue de l'Ecole de Médecine
75270 PARIS CEDEX 06

Übersetzer:

Prof. Dr. Jan Murken
Abteilung für pädiatrische Genetik
Kinderpoliklinik der Universität München
Goethestraße 29
8000 München

Bernard Dutrillaux · Jérôme Couturier

Praktikum der Chromosomenanalyse

Übersetzt von Jan Murken

29 Abbildungen

Ferdinand Enke Verlag Stuttgart 1983

Titel der Originalausgabe:

B. Dutrillaux/J. Couturier:
La Pratique de l'analyse chromosomique
© 1981 Masson, Editeur, Paris

CIP-Kurztitelaufnahme der Deutschen Bibliothek

Dutrillaux, Bernard:
Praktikum der Chromosomenanalyse / Bernard
Dutrillaux; Jérôme Couturier. [Übers.: Jan Murken].
– Stuttgart: Enke, 1983. – 80 S.:Ill.
Einheitssacht.: La pratique de l'analyse
chromosomique <dt.>
ISBN 3-432-93381-9

NE: Couturier, Jérôme:

Medizin als Wissenschaft ist ständig im Fluß. Forschung und klinische Erfahrung erweitern unsere Kenntnisse, insbesondere was Behandlung und medikamentöse Therapie anbelangt. Soweit in diesem Werk eine Dosierung oder eine Applikation erwähnt wird, darf der Leser zwar darauf vertrauen, daß Autoren, Herausgeber und Verlag größte Mühe darauf verwandt haben, daß diese Angabe genau dem Wissensstand bei Fertigstellung des Werkes entspricht. Dennoch ist jeder Benutzer aufgefordert, die Beipackzettel der verwendeten Präparate zu prüfen, um in eigener Verantwortung festzustellen, ob die dort gegebene Empfehlung für Dosierungen oder die Beachtung von Kontraindikationen gegenüber der Angabe in diesem Buch abweicht. Eine solche Prüfung ist besonders wichtig bei selten verwendeten Präparaten oder solchen, die neu auf den Markt gebracht worden sind.

Geschützte Warennamen (Warenzeichen) werden *nicht* besonders kenntlich gemacht. Aus dem Fehlen eines solchen Hinweises kann also nicht geschlossen werden, daß es sich um einen freien Warennamen handele.

Satz: Composersatz Heinrich-Jung, Bietigheim-Bissingen
Druck: Offsetdruckerei K. Grammlich KG, 7401 Pliezhausen

Vorwort des Übersetzers

Während der letzten zehn Jahre haben sowohl die Techniken als auch die unzähligen Anwendungsmöglichkeiten der Chromosomenanalyse einen vollständigen Wandel erfahren. Die Autoren haben mit einer großen Anzahl selbst erarbeiteter und hier beschriebener Methoden in erheblichem Umfang an dieser technologischen Revolution mitgewirkt. Ihre hervorragenden wissenschaftlichen Kenntnisse auf diesem Gebiet gestatten ihnen, selbst die schwierigsten Techniken in allen Einzelheiten darzustellen.

Hersteller für Kulturmedien und Reagenzien in Deutschland sind im Bezugsquellen-Nachweis angegeben.

Für die Durchsicht des Manuskriptes und wertvolle Hinweise danke ich Fräulein cand. med. Pascale Pillet und Herrn Dr. Reinhold Sigmund.

Jan Murken

Inhalt

Einleitung

Die Zytogenetik ist praktisch mit diesem Jahrhundert entstanden. – Sie ist aufgrund der neuen Entwicklung und der Fortschritte, die ihre Methoden und Anwendungen erweitert haben, als noch junger Zweig der Wissenschaft zu betrachten.

Nachdem man sich lange damit begnügt hatte, Gewebe zu analysieren, die spontan mitotische Zellen zeigen wie das Samenepithel, war die Zellkultur ein erster Fortschritt: Mit ihr gelingt es, eine große Zahl von Mitosefiguren zu gewinnen.

Die hypotone Behandlung, 1952 von Hsu entdeckt, war eine zweite entscheidende Etappe, weil durch das Aufquellen der Zelle eine bessere Chromosomenverteilung ermöglicht wird. Erst 1956 wurde die genaue Chromosomenzahl des Menschen durch Tjio und Levan bestimmt und 1959 die erste Chromosomenaberration von Lejeune und seinen Mitarbeitern beschrieben.

Die richtige Anwendung der Blutkulturen erleichterte die Analysen wesentlich und war zweifellos verantwortlich für den großen Aufschwung der modernen Zytogenetik nach 1960 (Moorhead und Mitarb.).

Schließlich änderte die Entdeckung der Chromatidbanden (Caspersson und Mitarb. 1970, Dutrillaux und Lejeune 1971, Sumner und Mitarb. 1971) die Möglichkeiten der Analyse und ließ die Zytogenetik in ihre aktuelle Phase eintreten.

In diesem Buch werden wir der Reihe nach die verschiedenen Methoden betrachten, die durch Kultivierung die Gewinnung von Zellen in Teilung erlauben, ohne die Möglichkeiten außer acht zu lassen, auch die Chromosomen nicht kultivierter Zellen, wie Knochenmark oder Samenepithel, zu beobachten.

Die rein zytologischen Methoden zur Gewinnung von Chromosomenpräparaten werden detailliert angegeben.

Besonders ausführlich sollen die zahlreichen Methoden der Markierung dargestellt werden.

1 Techniken zur Gewinnung von Chromosomenpräparaten

Obwohl Chromosomenpräparate direkt aus sich spontan aktiv teilenden Geweben (Knochenmark, Hodengewebe, neoplastische Gewebe usw.) gewonnen werden können, wird meist eine Zellkultur (Lymphozyten, Fibroblasten, Amnionzellen usw.) angewendet.

Kulturtechniken

Lymphozyten und Fibroblasten sind im allgemeinen diejenigen Zelltypen, aus denen Karyotypen zur Untersuchung gewonnen werden. Dabei verlangt jeder der einzelnen Typen besondere Kulturbedingungen. Die Kulturmethoden sind außerordentlich zahlreich; wir wollen die beschreiben, die uns die am besten reproduzierbaren Ergebnisse zu liefern scheinen.

Lymphozyten

Seit der Entdeckung der mitogenen Eigenschaften des Phytohämagglutinins (PHA) sind die Lymphozyten, weil sie am einfachsten zu gewinnen sind, das Material der Wahl zur Herstellung von Chromosomenpräparaten. Die beschriebene Technik ist modifiziert nach Moorhead und Mitarb. (1960). Die Kultur kann nach Isolierung der Lymphozyten durchgeführt werden; da durch diese Technik aber die Qualität der Chromosomenpräparation sich nicht zu verbessern scheint, wird bei der üblichen Technik Vollblut verwendet.

a) *Entnahme*

Es gibt zwei Möglichkeiten: beim Säugling die Mikroentnahme von Kapillarblut, beim Erwachsenen die Venenpunktion. Bei beiden Techniken ist selbstverständlich sorgfältiges steriles Vorgehen erforderlich.

□ Mikroentnahme von Kapillarblut. – Die Fingerbeere oder die Ferse wird zuerst mit 70%igem Alkohol, dann mit Äther desinfiziert. Nach dem Trocknen wird ein Einstich mit einer sterilen Lanzette gemacht, das Blut mit einer Pasteurpipette aufgefangen und direkt ins Medium gegeben.

□ Venenpunktion. – 5 bis 10 ml Blut werden mit einer Spritze entnommen und in ein steriles Kulturröhrchen, das 100 IE Heparin ohne Konservierungsmittel enthält, gegeben. Der Vorteil des Röhrchens ist der einfache Transport der Probe. Mit dem Anlegen der Kultur kann bis zu 5 Tagen maximal gewartet werden, ohne daß das Endergebnis merklich beeinflußt wird. In diesem Fall muß die Lagerung oder der Transport bei einer Temperatur zwischen +4° und 20° C stattfinden. (Die Entnahme kann auch einfach mit einer bereits heparinisierten Spritze (100 IE) gemacht werden).

b) *Kultur*

□ Material. – Die Kulturen werden in sterilen (!) Kulturröhrchen aus Glas oder Plastik mit einem Fassungsvermögen von 9 bis 10 ml angesetzt. Die Röhrchen tragen einen Schraubverschluß und sind an einer Seite abgeflacht (z.B. *Leighton-Tube*), damit sie im Brutschrank waagrecht gelagert werden können. Das *Rossignol*-Glas hat außerdem einen konischen Boden, der alle Arbeitsvorgänge mit der Zentrifuge ohne Umfüllen ermöglicht.

□ Kulturmedium. – Jedes Röhrchen wird mit folgendem Medium gefüllt:

- TC 199 mit Antibiotika (Penicillin: 100 IE/ml, Streptomycin: 100 μg/ml) = 6 ml
- Humanserum = 2 ml
- Heparin = 100 IE
- Phytohämagglutinin: PHA z.B. P (Difco) = 0,05 ml.

In bestimmten Fällen können andere Mitogene benutzt werden (Concanavalin A, Pokeweed Mitogen usw.).

□ Kulturansatz. – 0,6 ml (beim Erwachsenen) bzw. 0,4 ml (beim Kind) Vollblut werden zum Kulturmedium in das Kulturröhrchen gegeben. Die Röhrchen werden waagrecht bei 37° C inkubiert. Die Inkubationszeit dauert in der Regel 72 Stunden, sie kann aber ohne Nachteile um 24 Stunden verlängert werden. Sie kann auch um 24 Stunden verkürzt werden, wenn man die Mitosen der ersten Generation analysieren will. In diesem Fall ist die Zahl der Mitosen viel geringer.

c) *Gewinnung der Mitosen*

□ Anreicherung der Metaphasen. – Zwei Stunden vor Beendigung der Kultur werden die Zellteilungen durch Zugabe von 0,1 ml Colchicin (4 μg/ml) in jedes Kulturröhrchen gestoppt. Die Röhrchen verbleiben danach weitere 2 Stunden im Brutschrank bei 37° C.

□ Hypotone Behandlung. – Am Ende der Colchicinbehandlung werden die Röhrchen zentrifugiert (5 Minuten mit 400 *g* – dies gilt für alle nachfolgenden Zentrifugationen). Der Überstand wird durch Absaugen mit einer Pasteurpipette entfernt und als hypotones Medium (37° C) wird dazugegeben:

- Humanserum: 1 Volumenteil
- destilliertes Wasser: 5 Volumenteile

Andere Labors ziehen als hypotone Lösung KCl (0,075 M) vor. Mit einer Pasteurpipette, die mit einem kleinen Gummiballon versehen ist, wird der Bodensatz vorsichtig durch Ansaugen und Zurückströmenlassen in der Suspension aufgewirbelt, ohne daß dabei Blasen entstehen. Die Kulturröhrchen werden dann für weitere 7 Minuten in den Brutschrank gelegt.

□ Fixation. – Das hypotone Medium wird durch Zentrifugation abgetrennt und der Überstand durch Ansaugen mit einer Pasteurpipette entfernt. Auf jeden Fall muß ein Überstand des Mediums von 2 mm bestehen bleiben, womit das Sediment vorsichtig wieder in Suspension gebracht wird.

Als erste Fixierlösung wird dann hinzugefügt (Fixativ nach Carnoy):
– Alkohol absol.: 6 Volumenteile
– Chloroform: 3 Volumenteile
– Essigsäure: 1 Volumenteil
(Alle Reagenzien müssen vom Reinheitsgrad „pro analysi" sein).

Zuerst werden die Zellen mit etwa 1 ml Fixierlösung (= Fixativ) in Suspension gebracht, dann wird das Reagenzglas mit Fixierlösung angefüllt. Diese erste Fixation dauert 20 Minuten.

Danach werden die Röhrchen erneut zentrifugiert und das erste Fixativ wird entfernt. Anschließend werden sie mit dem zweiten Fixativ zur Hälfte gefüllt (Alkoholessigsäure):
– Alkohol absol.: 3 Volumenteile
– Essigsäure: 1 Volumenteil.

Die zweite Fixation dauert mindestens 15 Minuten, kann aber ohne Nachteil verlängert werden, wodurch das Auftropfen, falls nötig, auf den nächsten Tag verschoben werden kann.

□ Auftropfen. – Die Objektträger werden zunächst auf folgende Weise präpariert: Sehr saubere Objektträger werden unter fließendem Wasser zwischen Daumen und Zeigefinger so gerieben, daß sich ein Wasserfilm an der Oberfläche ausbreiten kann. Die Objektträger werden dann in einen eisgekühlten Becher mit eisgekühltem destillierten Wasser gestellt und auf 0° C gebracht.

Die Kulturröhrchen werden zentrifugiert und das Fixativ teilweise entfernt. Eine bestimmte Menge wird in den Röhrchen belassen, je nach Menge des Sedimentes (im Durchschnitt: 5 bis 6 mm Überstand). Die Zellen werden in diesem Restvolumen resuspendiert. Diese Suspension wird mit der Pasteurpipette angesaugt; man läßt nun aus einer Höhe von 3 bis 4 cm 2 Tropfen auf einen Objektträger fallen, der mit einem feinen Wasserfilm bedeckt ist (dies wurde erreicht durch das vorsichtige Abtupfen des Wassers auf dem Objektträger mit einem Filterpapier). Weitere Objektträger werden genauso behandelt, bis die gesamte Suspension verbraucht ist (durchschnittlich können 6 Objektträger pro Kulturröhrchen präpariert werden). Die Präparate läßt man an der Luft trocknen; sie können dann mit Giemsa-Farbstoff einfach gefärbt oder für spezielle Markierungen weiterbehandelt werden.

Fibroblasten

Normalerweise führt man Hautbiopsien durch, um Fibroblasten für Zellkulturen zur Bestimmung des Karyotyps zu erhalten. Doch können auch andere Gewebestücke (Aponeurose, Muskel, Nieren, Gonaden usw.) zum Anlegen von Zellkulturen verwendet werden.

a) Hautbiopsie

Alle beschriebenen Verfahren müssen selbstverständlich steril durchgeführt werden.

□ Reinigung der ausgewählten Gewebepartie (üblicherweise die innere Seite des Arms) mit 70%igem Alkohol und Äther.

□ Subkutane Injektion von 1%igem Xylocain; abwarten, bis die Lokalanästhesie eingetreten ist.

□ Entnahme mit einer Lochstanze von 4 mm (eine Hauttiefe von 1 mm genügt). Mit einer Pinzette wird das abgetrennte Gewebestück festgehalten und der Stiel, der dieses an das Unterhautgewebe bindet, durchtrennt.

Die Entnahme kann auch mit einem Skalpell durchgeführt werden: Mit einer Pinzette wird ein kleiner Hautwulst gebildet und dieser oberhalb der Pinzette abgeschnitten: ein etwa 1 mm hohes Hautstück auf 2 mm Länge.

Nach der Entnahme wird eine eventuelle leichte Blutung mit einer Kompresse gestillt; mit einem Pflaster werden dann unter Zug die beiden Inzisionsränder aneinandergebracht; zuletzt wird ein einfacher Druckverband für eine Woche angelegt.

□ Das Biopsiematerial wird in ein steriles Kulturröhrchen überführt, das entweder ein Kulturmedium oder eine physiologische Salzlösung (z.B. Hank's Lösung) enthält.

b) *Anlegen der Kultur*

□ Vorbereitung des Biopsiematerials. – Die Probe wird in eine Petrischale mit wenig Kulturmedium gelegt und mit einem Skalpell in kleine viereckige Stücke zerschnitten (Kantenlänge etwa 0,5 mm).

□ Kulturansatz. – Etwa 10 solcher Gewebestückchen werden mit Hilfe einer Pasteurpipette in eine Kunststoffflasche mit ca. 25 cm^2 Bodenfläche implantiert und sorgfältig verteilt. Man setzt dann Medium zu, das die Proben gerade eben bedeckt, sie aber nicht frei schwimmen läßt (etwa 7 ml bei einer Flasche mit 25 cm^2).

Anfangsnährmedium:
- Eagle's Minimalmedium auf der Basis von Hank = 80 Volumenteile
- fetales Kälberserum = 20 Volumenteile
- Penicillin: 100 IE/ml
- Kanamycin: 100 µg/ml
- Mycostatin: 100 µg/ml (fakultativ).

Jede Flasche wird (desgleichen bei jedem der folgenden Schritte) mit einem Gemisch aus 95% Luft und 5% CO_2 begast, hermetisch verschlossen und bei 37° C im Brutschrank inkubiert.

Nach 2 Tagen sollten die Gewebeproben am Flaschenboden haften; das

Medium wird entfernt und durch 2 ml frisches Anfangsnährmedium ersetzt. Dann werden die Flaschen eine Woche so belassen.

Danach wird das Medium ungefähr zweimal pro Woche erneuert; sobald sich die Zellen aktiv vermehren (schneller Farbumschlag des Phenolrot nach Gelb), ersetzt man das Anfangsnährmedium durch das Wachstumsnährmedium.

Wachstumsnährmedium:
- Eagle's Minimalmedium in Earle-Lösung = 90%
- Kälberserum = 10%
- Antibiotika: wie beim Anfangsnährmedium.

Oft ist das erste Zellwachstum aus Hautbiopsien von epithelialem Typ. Obwohl das selten stört, hat man beobachtet, daß dies durch einen verzögerten Kulturansatz der Biopsie vermieden werden kann: Eine Wartezeit von 3 bis 4 Tagen im Nährmedium bei +4° C gibt gute Ergebnisse.

Wenn der Wachstumshof groß genug ist (im allgemeinen zwischen 2. und 3. Woche), wird die Gewebeprobe entnommen und eventuell in eine weitere Flasche überführt. Der Kulturansatz wird *trypsiniert*, um eine bessere Zellverteilung und schnellere Vermehrung zu erreichen: Nach Entfernen des Nährmediums wird die Flasche zuerst mit einer 0,2%igen Trypsinlösung schnell gespült, dann wird 1 ml Trypsinlösung hinzugegeben und die Flasche in den Brutschrank zurückgelegt.

0,2%ige Trypsinlösung:
- Trypsin (1/250 Difco): 0,2 g
- Eagle's Minimalmedium: 100 ml
- durch Zugabe von 2%igem Trispuffer auf pH 7,6 einstellen
- filtrieren durch Millipore Filter 0,22 μ.

Die Auflösung der Zellhaufen durch Trypsin wird unter dem umgekehrten Mikroskop beobachtet; wenn sie als hinreichend zu beurteilen ist (im allgemeinen nach 5 Minuten), werden 5 ml Wachstumsmedium hinzugefügt. Man pipettiert kräftig ein, um die Dissoziation der Zellen und ihre sorgfältige Verteilung zu erreichen. Eine gleichmäßige Konfluenz ist meist nach 72 Stunden erreicht.

c) *Aufteilen der Kultur (Passagen)*

Wenn die Konfluenz der Zellen erreicht ist, wird die Kulturflasche wie oben beschrieben trypsiniert; ist die Ablösung der Zellen vollständig, wird die Trypsinwirkung durch Zugabe von nur 1 ml Kulturmedium neutralisiert.

Diese 2 ml Zellsuspension werden in zwei neue Flaschen von 25 cm^2 (oder in eine Flasche von 75 cm^2) überführt.

Das Medium wird zweimal pro Woche erneuert (6 ml für Flaschen mit 25 cm^2, 18 ml für 75 cm^2).

Nachdem wieder ein konfluierendes Wachstum erreicht ist, wird eine erneute Passage durchgeführt.

d) *Chromosomenpräparation.*

Sobald man zwei Kulturflaschen mit 25 cm^2 hat, kann eine davon zur Karyotypbestimmung verwendet werden; in der anderen wird die Kultivierung fortgesetzt.

Die Zellpräparation wird am besten einen Tag nach der Passage durchgeführt.

0,1 ml Colchicinlösung (4 µg/ml) wird in die Flasche gegeben. Nach zwei Stunden wird der Kulturansatz in ein Zentrifugenröhrchen von 10 ml überführt, die Zellen, die an der Flaschenwand anhaften, werden durch Zugabe von 1 ml Trypsinlösung bei 37° C trypsiniert. Wenn sich die Zellen gut abgelöst haben, wird die Suspension mit der Pasteurpipette in das Zentrifugenröhrchen überführt.

Die folgenden Schritte, hypotone Schockbehandlung, Fixation und Auftropfen des Präparates, sind identisch mit den Techniken, die bei den Lymphozyten des Blutes beschrieben sind.

Amnionzellen

Die beschriebene Technik ist die nach Boué und Mitarb. (1979). Um die Chromosomendiagnostik zu sichern und um angeborene Mosaike von „Pseudo-Mosaiken“, die als Kulturartefakt auftreten, unterscheiden zu können, wird eine Technik für eine *in situ-Chromosomenanalyse* empfohlen.

a) *Kulturansatz*

Das Labor bekommt normalerweise 10 bis 20 ml Fruchtwasser, das durch Punktion zwischen der 16. und 19. Schwangerschaftswoche entnommen wurde. Die Kulturen werden in Petrischalen mit einem Durchmesser von 35 mm angesetzt, auf denen am Boden eine Glaslamelle mit einem Durchmesser von 30 mm liegt. Zwei Nährmedien werden parallel für jede Fruchtwasserprobe benutzt: RPMI und HAM F 10; sie enthalten Antibiotika und 20% fetales Kälberserum.

In jeder Schale mit 1,5 ml Nährmedium werden 1,5 ml nicht zentrifugiertes Fruchtwasser angesetzt. Außerdem kommen 2 ml Fruchtwasser in einer Flasche mit 4 ml Nährmedium zum Ansatz. Diese Flasche dient zur Sicherheit und kann eventuell als Kontrolle benutzt werden.

b) *Wachstum*

Die Petrischalen und die Flasche werden bei 37° C inkubiert und mit einem Luft-CO_2-Gemisch begast, welches im Medium einen pH von 7,3 aufrecht erhält. Fünf Tage lang werden die Schalen so belassen. Danach wird das Medium mit einer Pipette abgesaugt und durch frisches Nährmedium ersetzt; ein Mediumwechsel findet dann alle zwei Tage statt.

Sobald die ersten Wachstumsherde hinreichend groß erscheinen (im allgemeinen nach dem 8. bis 12. Kulturtag), kann die Chromosomenpräparation durchgeführt werden.

Die Lamellen werden steril entnommen und in eine neue Petrischale mit frischem Medium überführt. Am nächsten Tag kontrolliert man unter dem umgekehrten Mikroskop den Zeitpunkt, an dem die Mitosen besonders zahlreich sind (im allgemeinen 20 bis 22 Stunden nach der Überführung) und man die Chromosomenpräparation durchführen kann. Die Petrischalen, die die Lamellen enthielten, werden zur Sicherheit in den Brutschrank zurückgestellt.

c) *Ausführung der Chromosomenpräparation*

Die Lamellen werden direkt in eine hypotone Lösung gegeben, ohne Zusatz von Colchicin. Dies ist nicht notwendig, da durch den Mediumwechsel eine relativ gute Synchronisation induziert worden ist. Man erhält so eine geringere Kondensation der Chromosomen, was die Diagnostik nach spezifischer Markierung erleichtert.

Das hypotone Medium enthält eine Verdünnung von 5 ml Hank's Lösung in 95 ml Wasser von pH 7 und hat eine Temperatur von 37° C. Das Nährmedium wird entfernt, das Kulturgefäß schnell mit dem hypotonen Medium gespült, erneut damit aufgefüllt und wieder für 15 Minuten bei 37° C im Brutschrank inkubiert.

Nach dieser Zeit werden die Lamellen durch Eintauchen in Carnoy-Fixativ (s. Lymphozytentechnik) eine Stunde lang fixiert. Man läßt sie dann an der Luft spontan trocknen.

Diese Präparate können für alle später beschriebenen Markierungstechniken verwendet werden.

d) *Bestimmung des fetalen Karyotyps*

Man analysiert einige Metaphasen in mehreren Kolonien einer Kulturflasche und führt dies in mehreren Kulturflaschen durch.

Direkte Techniken und Kurzzeitkulturen

In bestimmten Fällen kann man, will man spontan sich teilendes Gewebe analysieren, Chromosomenpräparate ohne vorherigen Kulturansatz oder nach Kurzzeitkulturen gewinnen. Man benutzt diese Techniken in zwei Fällen: bei der Untersuchung von Neoplasien, speziell Leukämien, wo man das Knochenmark und manchmal auch das periphere Blut analysiert, und bei der Untersuchung von Keimzellen aus Hodenbiopsien.

Untersuchung der Leukämien

Ihr Ziel ist die Darstellung der Veränderungen während des Krankheitsverlaufs bei Neoplasien. Man muß hier die Schwierigkeiten dieser Untersuchungen betonen, Schwierigkeiten, die mit der kleinen Zahl der Zellen mit erworbenen Veränderungen und mit der oft schlechten Qualität der aberranten Metaphasen verbunden sind. Anomalien kann man hauptsächlich im Knochenmark und, im Fall einer myeloischen Leukämie, im peripheren, mitogenfrei kultivierten Blut beobachten.

a) *Untersuchung des Knochenmarks*

□ Entnahme. – Das Knochenmark wird, wie bei einer hämatologischen Untersuchung, mit dem Trokar entnommen; dabei genügt eine Gewebemenge von 0,5 ml.

□ Kulturansatz. – Die verwendeten Kulturröhrchen sind mit denen, die bei der Lymphozytenkultur benutzt werden (s. oben), identisch. Sie werden auch mit dem gleichen Nährmedium gefüllt, allerdings ohne PHA. In drei Kulturröhrchen werden sofort nach der Entnahme je 0,1 ml Knochenmark angesetzt; ein Kulturansatz enthält Colchicin in der üblichen Konzentration und ist für eine direkte Untersuchung bestimmt, der zweite Kulturansatz wird im Brutschrank bei 37° C 24 Stunden, der dritte Ansatz 48 Stunden lang inkubiert.

□ Zellernte. – In jedem Fall werden die Zellen nach zweistündiger Behandlung mit Colchicin, entsprechend der bei Lymphozyten beschriebenen Technik, präpariert. Da die Ergebnisse je nach Patient verschieden sind, ist es notwendig, 3 Kulturröhrchen, in denen die Zellen verschieden lange inkubiert werden, anzusetzen. Im Durchschnitt ergibt die 24-Stunden-Kultur die am besten analysierbaren Mitosen.

b) *Untersuchung des peripheren Blutes*

Falls zirkulierende Blasten vorhanden sind, ist es sinnvoll, eine Untersuchung im peripheren Blut vorzunehmen. Dies hat zwei Vorteile: Die hier beobachteten Mitosen sind, im Gegensatz zu denen des Knochenmarks, mit Sicherheit pathologisch; außerdem ist die Qualität häufig besser.

Die Kulturbedingungen sind mit denen der Knochenmarkszellen identisch; jedoch wird wegen des geringen Vorkommens von Mitosen im peripheren Blut keine direkte Untersuchung durchgeführt. Die zum Kulturansatz notwendige Blutmenge ist von der Leukozytenzahl abhängig: So wird z.B. bei einer Leukozytenzahl von 100 000 pro mm^3 0,1 ml Blut pro Kulturröhrchen angesetzt. Parallel dazu wird eine 72-Stunden-Kultur unter Zugabe von PHA angelegt, um den konstitutionellen Karyotyp des Patienten bestimmen und die Veränderung, die im Knochenmark oder in der Kultur des peripheren Blutes ohne PHA beobachtet wurde, bestätigen zu können.

c) *Untersuchung der Zellen der lymphatischen Gewebe.*

Wir werden die Analysetechnik für die Lymphknotenzellen beschreiben; die Technik kann beispielsweise für die Milz entsprechend angewendet werden.

Das Biopsiematerial wird für den Transport in steriles, physiologisches Medium gegeben. Im Labor wird es in eine kleine Petrischale mit 1 ml Medium (z.B. TC 199) überführt.

Der Mediumrest wird zentrifugiert; entsteht dabei ein Bodensatz, wird dieser behandelt wie die Zellen, die man durch Zerkleinern der Biopsieprobe erhält.

Nachdem die Biopsieprobe in zwei gleich große Hälften zerteilt ist, wird ein Teil mit Hilfe zweier Skalpelle in physiologischer Lösung zerkleinert, die Lösung mit der Pasteurpipette entnommen und dreimal erneuert, damit alle Zellen, die sich in Suspension befinden, gewonnen werden können.

- Die so gewonnene Lösung wird zentrifugiert;
- eine hypotone Schockbehandlung wird durchgeführt: 20 Minuten lang bei 37° C in 20 ml 1%igem Natriumzitrat oder 0,56%igem Kaliumchlorid;
- es wird zentrifugiert und das Sediment zu einer Suspension von 0,5 ml aufgeschüttelt;
- zuerst werden einige Tropfen, dann 1 ml Carnoy-Fixativ ohne Chloroform hinzugefügt;
- nach 5 Minuten wird abermals zentrifugiert und das Fixativ gewechselt;
- nach 30 Minuten wird noch einmal zentrifugiert und die Zellen werden in einem kleinen Teil des Überstandes in Suspension gebracht;
- ein Tropfen der Suspension wird auf einem Objektträger ausgebreitet und die Zellen werden im Phasenkontrastmikroskop beobachtet. Man wird dann unter Umständen die Konzentration der Suspension einstellen, bevor sie insgesamt auf den Objektträger gegeben wird.

Die zweite Hälfte der Biopsie wird steril zerkleinert und die Zellen, die sich in Suspension befinden, werden wie oben beschrieben abgesogen und, gleich der Bluttechnik, in Kulturröhrchen mit Medium (TC 199 + Serum + Heparin + Phytohämagglutinin) überführt.

Dabei kann ein Kulturansatz ohne Phytohämagglutinin gemacht werden.

Der Ansatz wird bei 37° C im Brutschrank inkubiert; nach 24 Stunden wird das Medium gewechselt und erneut 24 Stunden inkubiert.

Nach dieser 48-Stunden-Kultur wird nach der gleichen Technik wie bei der direkten Untersuchung vorgegangen.

Kleine Gewebefragmente, die nach der Zerkleinerung übriggeblieben sind, können als Biopsiematerial für eine Gewebekultur verwendet werden.

Untersuchung der Keimzellen

a) *Direkte Untersuchung der männlichen Meiose*

Obwohl sie historisch gesehen die erste Technik war, die eine Chromosomenanalyse erlaubte, hat die Untersuchungsmethode der meiotischen Zellen im Hinblick auf die Routineanwendung nicht die Fortschritte gemacht wie die Untersuchung der mitotischen Chromosomen.

□ Materialentnahme. – Durch Biopsie oder Punktion mit dem Trokar, beides unter chirurgischen Bedingungen. Die Biopsie wird bevorzugt, weil das Risiko einer Blutung kleiner ist und sie erlaubt, mehr Material zu gewinnen.

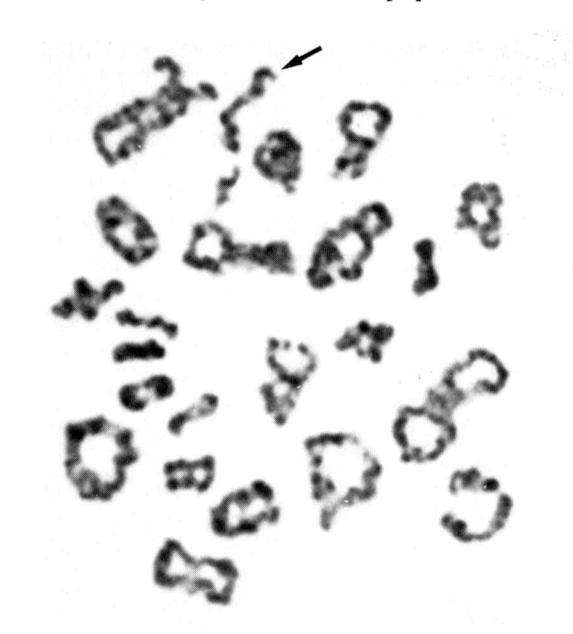

Abb. 1a Männliche Meiose: Diakinese. Giemsafärbung. Der Pfeil zeigt ein Sex-Bivalent

□ Transport. – Er muß so kurz wie möglich sein, kann jedoch ohne erhebliche Nachteile bis zu einer Stunde bei normaler Außentemperatur dauern. Das Biopsiestück wird in frisch vorbereitete, 1%ige Trinatriumzitratlösung gegeben.

□ Gewinnung von Zellen. – Die Tubuli seminiferi werden mit einer kleinen Schere zerschnitten. Diese Behandlung wird im Transportmedium entweder in einer kleinen Petrischale oder einem Uhrglas durchgeführt.

Die so erhaltene Zellsuspension wird mit einer Pipette in ein Zentrifugenröhrchen überführt. Dieser Vorgang wird so lange wiederholt, wie die Flüssigkeit nach dem Zerkleinern opaleszent bleibt, was kaum länger als 5 Minuten dauert. Die Suspension wird 10 Minuten ruhig stehengelassen und dann 5 Minuten lang mit 1 000 bis 1 500 U/Min (400 bis 600 *g*) zentrifugiert.

Der Überstand wird dann abgesogen und durch Fixativ ersetzt.

Die Fixierung und die Herstellung des Präparates erfolgen wie bei den mitotischen Zellen. Diese Methode erlaubt die Beobachtung einer großen Zahl von Zellen guter Qualität im Stadium der Diakinese sowie der Metaphase I und II (Abb. 1a/b und 2). Sie weicht kaum ab von der Originalbeschreibung von Evans und Mitarb. (1964).

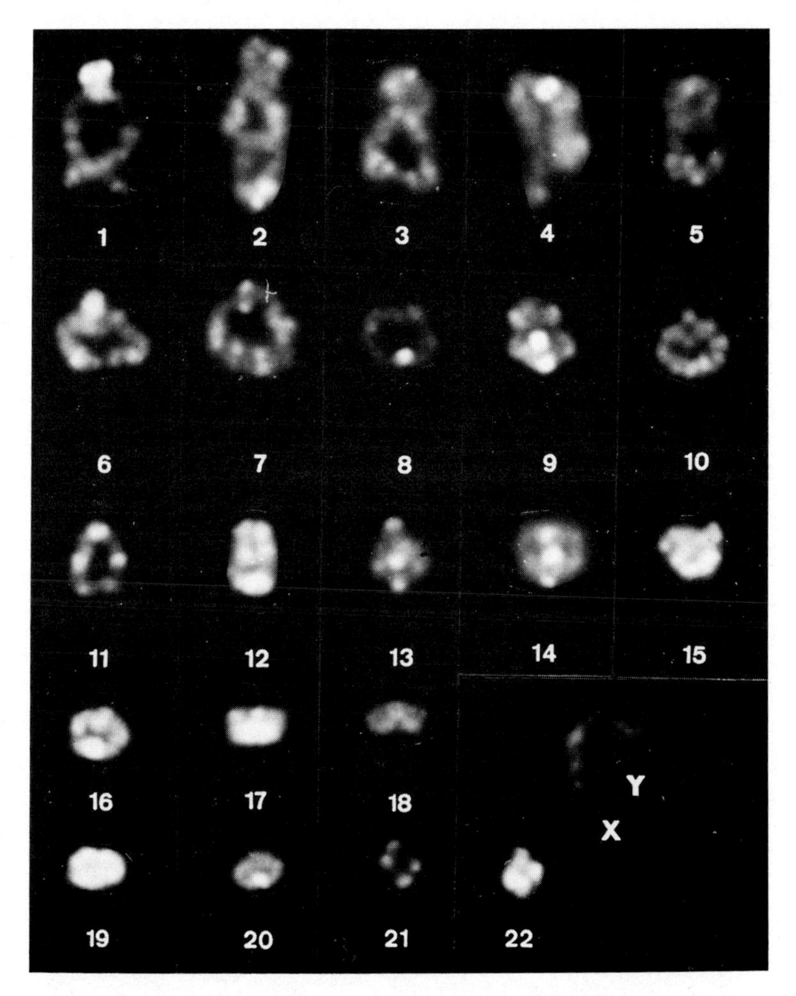

Abb. 1b Geordneter Karyotyp einer Diakinese nach T-Bandentechnik. Acridin-Orange-Färbung. Männliche Meiose

- Variante für die Gewinnung von Mitosen in Spermatogonien. – Durch die Verwendung eines physiologischen Transportmediums wie Earle's Lösung, Hank's Lösung usw., in dem auch die Zerkleinerung durchgeführt wird, sowie einer hypotonen Lösung aus Humanserum (1/3) und destilliertem Wasser (2/3), erhält man sowohl mehr Mitosefiguren als auch eine bessere Qualität (Abb. 3).
- Variante für die Gewinnung von Pachytän-Stadien. – Zur Verbesserung der Chromosomenausbreitung von Zellen im Pachytän-Stadium, in welchem die Chromosomen schon charakteristische Strukturen zeigen,

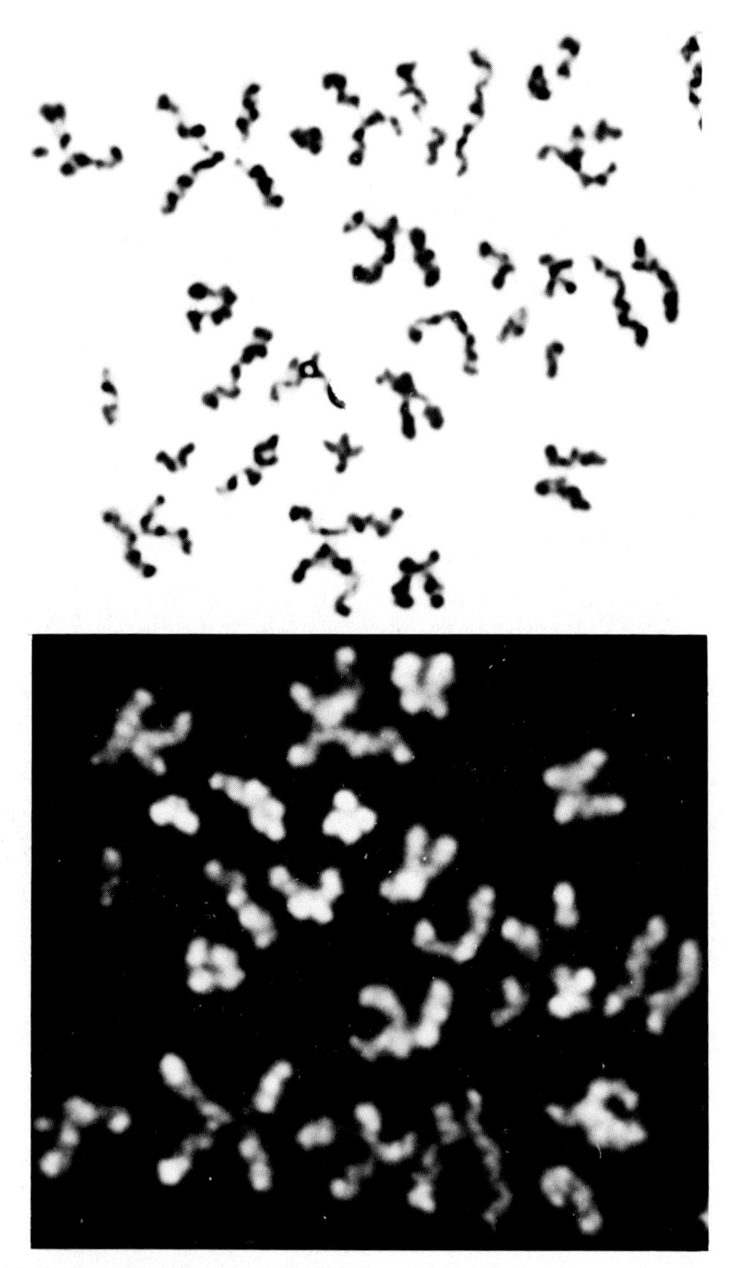

Abb. 2 Metaphase einer Spermatozyte II.
Oben, Giemsafärbung; unten, T-Bandenmarkierung der gleichen Zelle, Acridin-Orange-Färbung (Spiegelbild). Die Markierung gestattet die Chromosomenerkennung

Abb. 3 Metaphase einer Spermatogonie. Giemsafärbung

haben mehrere Autoren verschiedene Techniken vorgeschlagen. Wir werden die von Luciani und Mitarb. (1975) beschreiben:

– Die Biopsiestücke werden in eine 0,44%ige KCl-Lösung gegeben und dort 8–10 Stunden lang bei Zimmertemperatur stehengelassen;

– die Gewebestücke werden dann in Fixierlösung, die aus Methylalkohol und Essigsäure im Verhältnis 3 : 1 besteht, überführt; dort verbleiben sie 12 bis 18 Stunden, bevor sie darin zerkleinert werden;

– die Suspension wird abgesogen und zentrifugiert;

– das Sediment wird in 45%igem Eisessig resuspendiert und sofort zentrifugiert; das Sediment wird dann mit einigen Tropfen aus dem Überstand erneut in Suspension gebracht, bevor das Auftropfen auf den Objektträger erfolgt.

□ Markierung der Keimzellen. – Die Markierung und Färbung der Keimzellen bereiten keine besonderen Schwierigkeiten. Trotzdem sind die Ergebnisse nicht so befriedigend wie bei Körperzellen, da im allgemeinen die Chromosomenqualität nicht so gut ist. Die verwendeten Techniken sind direkt vergleichbar mit denen bei Körperzellen und werden weiter unten beschrieben. Nach unserer Erfahrung ergibt die C- und T-Banden-Markierung gut reproduzierbare Ergebnisse. Die Markierung der Q-Banden ist unsicher, bleibt aber trotzdem interessant für die Erkennung bestimmter heterochromatischer Segmente, vor allem im langen Arm des menschlichen Y-Chromosoms.

b) *Methode der indirekten Untersuchung der männlichen Meiose*

Verschiedene Versuche sind gemacht worden, Keimzellen am Leben zu erhalten oder gar zu kultivieren.

Nach steriler Zerkleinerung können die Zellen bei 36° C in einer Suspension oder zumindest einer löslichen Phase für 48 bis 72 Stunden gehalten werden. Dazu verwendet man Eagle's Medium mit einem Zusatz von 10% fetalem Kälberserum.

Das einfache Belassen des nicht zerkleinerten Biopsiestückes im selben Medium erlaubt noch nach 8 Tagen die Beobachtung von Meiose-Figuren.

Die Erhaltung auf einem Koagulum ist gleichfalls schon gelungen (Dutrillaux, 1971): Vor der endgültigen Zerkleinerung werden einige Segmente der Tubuli seminiferi vorsichtig auf ein Deckglas gelegt, auf dem sich je ein Tropfen Hahnplasma und Hähnchenembryonalextrakt befinden.

Dann zerkleinert man die Tubuli seminiferi schnell in dem Hahn-Plasmatropfen und entfernt die leeren Tubuli. Die beiden Tropfen werden dann vermischt und ausgestrichen; das Koagulum, das sich bildet, enthält Keimzellen, die auf der ganzen Oberfläche des Objektträgers verteilt sind.

Nach erfolgter Koagulation genügt es, den Objektträger in ein Kulturgefäß mit 2 cm^3 Medium zu bringen. Die Zellen können bei 36° C mehrere Wochen lang erhalten werden. Zellteilungsfiguren werden nach hypotoner Behandlung (30 Minuten) und üblicher Fixierung direkt auf dem Objektträger mit dem Koagulum beobachtet.

c) *Analyse der weiblichen Meiose*

Bisher sind sehr wenige Untersuchungen der weiblichen Meiose beim Menschen unternommen worden. Dies liegt hauptsächlich an den Schwierigkeiten der Materialgewinnung. Für die frühesten Stadien (bis zum Dictyotän) ist es nötig, Embryonen oder Feten nach Fehlgeburten zu untersuchen. Für spätere Stadien muß man nach Ovarbiopsie die reifen Follikel gewinnen und sie dann sezieren, um die Oozyten entnehmen zu können. Diese werden in einem physiologischen Medium 24 bis 48 Stunden im Brutschrank inkubiert, je nach dem gewünschten Stadium. Da diese Untersuchungen beim Menschen selten und schwierig sind, wird im Rahmen dieses Buches auf eine ausführliche Darstellung verzichtet.

2 Färbung und Markierung der Chromosomen

Techniken bei fixierten Präparaten

Bevor wir die gängigsten Markierungstechniken beschreiben, fassen wir die einfachen Färbetechniken zusammen, die im allgemeinen keine Bandendarstellung bringen, die aber eine Bandenmarkierung nach verschiedenen Vorbehandlungen erlauben.

Basisfärbetechniken

a) *Klassische Giemsafärbung*

Sie war die verbreitetste Färbung vor der Entdeckung der Bandentechniken. Zur Zeit behält sie ihr Interesse, weil sie eine exakte Vorstellung der allgemeinen Chromosomenmorphologie wiedergibt; sie erlaubt allerdings keine genaue Untersuchung. Andererseits wird sie häufig verwendet, weil durch eine Reihe von Vorbehandlungen eine Bandenmarkierung ermöglicht wird.

□ Technik. – Die Färbelösung wird unmittelbar vor der Anwendung wie folgt vorbereitet:

- destilliertes Wasser: 94 ml
- Phosphatpuffer 1/15 M, pH 6,7: 3 ml
- Giemsa R: 3 ml

Diese Lösung ist unstabil und muß nach einer Stunde neu angesetzt werden. Die Objektträger werden 10 Minuten in die Färbelösung eingetaucht und anschließend unter fließendem Wasser gründlich gespült. Man läßt sie dann an der Luft trocknen oder beschleunigt das Trocknen durch die heiße Luft über einer Bunsenflamme.

□ Ergebnisse (Abb. 4.) – Die Chromosomen erscheinen gleichmäßig gefärbt; dennoch werden die heterochromatischen Regionen (Zentromere, Sekundärkonstriktionen der Chromosomen 1, 9 und 16, kurze Arme der großen und kleinen akrozentrischen Chromosomen, distale Region des langen Arms am Y-Chromosom) weniger stark gefärbt.

b) *Färbung mit Acridin-Orange*

Obwohl unter speziellen Bedingungen mit dieser Färbung eine Bandenmarkierung der Chromosomen erzielt werden kann, wird sie als alleinige Methode kaum benutzt. In der Tat liefert sie als solche praktisch keine zusätzlichen Informationen im Vergleich mit der Giemsa-Färbung, sie ist aber als Fluoreszenztechnik schwieriger anzuwenden. Dagegen ist Acridin-Orange durch die Fluoreszenzmetachromasie und die gute Spezifität eine Technik der Wahl, um bestimmte Bandenmarkierungen nach spezieller Vorbehandlung darzustellen.

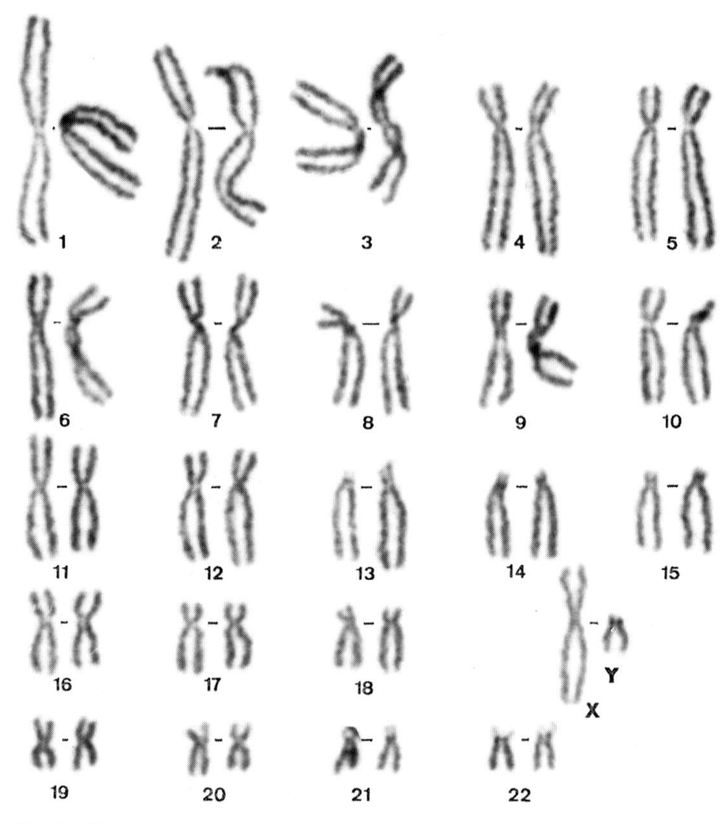

Abb. 4 Giemsafärbung. Männlicher Karyotyp

□ Technik (Couturier und Mitarb., 1973). – Die Objektträger werden zuerst in eine Alkoholreihe mit abnehmendem Titer: 90%ig, 70%ig, 50%ig (3 Minuten in jeder Küvette) getaucht. Sie werden dann mit Wasser abgespült und 20 Minuten lang in folgende Farblösung eingetaucht:

– Acridin-Orange: 5 mg
– Phosphatpuffer 1/15 M, pH 6,7: 100 ml

Diese Lösung ist sehr stabil und hält sich mindestens eine Woche bei Zimmertemperatur. Die Verwendung einer Stammlösung mit 1 mg Farbstoff pro ml destilliertes Wasser, die mehrere Monate lang stabil bleibt, hat den Vorteil, das wiederholte Abwiegen und Ansetzen zu vermeiden. Die Objektträger werden sofort unter fließendem Wasser gründlich gespült. Ungenügendes Spülen äußert sich in einer kräftigen Rotfärbung bei der Untersuchung. Die Präparate werden schließlich mit dem Puffer (pH 6,7) überschichtet und mit einem Deckglas eingedeckt.

Die Untersuchung erfolgt mit dem Fluoreszenzmikroskop. Das Absorptionsmaximum für Acridin-Orange liegt bei ca. 470 nm; es gibt zwei Emissionsmaxima: eines bei 530 nm, das andere bei 650 nm. Man kann Kombinationen von Anregungs- und Sperrfiltern verwenden, entweder mit gefärbten Gläsern oder mit Interferenzfiltern:

Filtertyp	*Anregungsfilter*	*Sperrfilter*
gefärbtes Glas	BG 12	50 + 65
Interferenz	BP 450–490	BP 520–560

Nähere praktische Hinweise über die Fluoreszenzmikroskopie werden später gegeben.

□ Ergebnisse. – Die Chromosomen zeigen eine homogene gelb-grüne Fluoreszenz. Wie oben gesagt, ist die Verwendung dieser Technik allein in der Praxis nicht sehr interessant, sie eignet sich aber für bestimmte Markierungstechniken. Außerdem erlaubt diese Färbung, wenn sie am Interphasekern benutzt wird, den Nachweis der Nukleolen (rote Fluoreszenz) und der Barrkörperchen in den weiblichen Zellen (helle gelb-grüne Fluoreszenz).

c) *Feulgenfärbung*

Die Verwendung der Feulgenfärbung ist in der Zytogenetik nicht üblich. Sie ist relativ schwierig durchzuführen und gibt bei der einfachen Chromosomenfärbung keine besseren Ergebnisse als die weniger spezifischen Färbungen, die vorher beschrieben wurden. Dagegen macht ihre DNS-Spezifität sie für besondere Fälle interessant, nämlich die, in denen man selektiv DNS nachweisen oder eine quantitative Analyse der DNS durch Spektralphotometrie vornehmen will.

□ Prinzip. – Die Färbereaktion umfaßt mehrere Schritte.

Zuerst werden durch eine saure Hydrolyse die Purinbasen von der DNS abgetrennt, was zu einer depurinierten Nukleinsäure führt. In einem zweiten Schritt werden die freien Aldehydgruppen der Desoxyribose mit dem Fuchsin des Schiff's Reagenz zur Reaktion gebracht, wodurch eine charakteristische rosarote Farbe entsteht.

□ Durchführung. – Die Carnoyfixierung, die bei der Feulgenfärbung anzuwenden ist, wird nach der üblichen Methode vorbereitet. Hydrolysiert wird mit n-HCl bei 60° C, 8 Minuten lang, danach wird mit destilliertem Wasser abgespült. Im Schiff's Reagenz wird 2 Stunden lang gefärbt, dann luftgetrocknet und anschließend jeweils 5 Minuten in 3 Küvetten mit frisch angesetzter, schwefelhaltiger Lösung getaucht, die auf folgende Art zubereitet wird:

- 10%iges Kalium-Metabisulfit: 5 ml
- destilliertes Wasser: 100 ml

Mit destilliertem Wasser abspülen. Trocknen lassen.

□ Ergebnisse. – Die DNS ist rosarot gefärbt (magentarot).

d) *Andere Färbungen*

Zahlreiche Farbstoffe kamen bei der Chromosomendarstellung zur Verwendung. Man kann aber sagen, daß seit der Optimierung der Markierungstechniken der größte Teil dieser Färbetechniken heute ohne Interesse ist. Sie wurden verdrängt von der Giemsa-Färbung, die leicht durchzuführen ist und kontrastreiche Bilder ergibt. Orcein war einer der meistverwendeten Farbstoffe. Die Färbevorschrift soll kurz beschrieben werden. Die Objektträger werden mit folgender Farblösung überschichtet:

Mischen:
- Orcein: 1 g
- reine Essigsäure: 45 ml

Durch Erhitzen auflösen, abkühlen lassen, 55 ml destilliertes Wasser zugeben und filtrieren.

Die Präparate werden mit destilliertem Wasser abgespült und dann getrocknet. Die Chromosomen erscheinen dunkel purpurrot gefärbt.

In situ Hybridisierung und Autoradiographie

a) In situ *Hybridisierung*

Obwohl diese Technik heute in den zytogenetischen Laboratorien noch keine allgemeine Anwendung findet, scheint uns die Beschreibung dennoch wichtig, da sie in Zukunft wahrscheinlich von Bedeutung sein wird. Es ist hier jedoch nicht möglich, die Methoden der DNS-Isolierung und die Herstellung der radioaktiven Marker zu beschreiben.

Im Prinzip beruht diese Technik zunächst auf der Bildung von DNS-RNS- oder DNS-DNS-Komplexen durch Hybridisierung markierter, natürlich vorkommender, einsträngiger RNS oder DNS mit chromosomaler DNS (*in situ*). In einem zweiten Schritt werden die Hybridisierungsloci der Chromosomenpräparationen durch Autoradiographie dargestellt.

□ Literatur. – Sie ist zahlreich und variiert mit dem untersuchten Material; die meisten, heute verwendeten Techniken aber leiten sich von der ursprünglichen Technik nach Gall und Pardue (1971) ab. Zitiert seien: Saunders und Mitarb. (1972), Jones (1973), Sanchez und Yunis (1974), Pardue und Gall (1975), Gosden und Mitarb. (1975), Steffensen (1977).

□ Technik

– Chromosomenpräparationen: Im allgemeinen ist es nicht notwendig, bei Präparaten, die für eine Hybridisierung in situ bestimmt sind, besondere Fixierungsmethoden zu benützen. Vorteilhaft ist es, frische Präparate zu verwenden. Um eine bessere Identifikation der Chromosomen erzielen zu können, sollten vor der Hybridisierung Markierungstechniken angewendet werden, die die Chromosomenstruktur nicht angreifen, wie z.B. Färbung mit Quinacrin-Mustard oder Acridin-Orange nach BrdU-Inkorporation (BrdU: 5-Bromdesoxyuridin). Der Farbstoff wird dann durch ausgiebige Spülung unter fließendem Wasser entfernt. Das Trocknen geschieht spontan in der Luft.

– Entfernung der RNS: Die Zell-RNS, die die Gefahr in sich birgt, den Marker kompetitiv zu hemmen, wird durch eine einstündige Vorbehandlung der Objektträger mit RNase (100 μg/ml) bei 37° C eliminiert. Dieser Schritt kann oft ausgelassen werden; er ist speziell dann nicht notwendig, wenn man die Sequenzen der Satelliten-DNS untersuchen will, weil diese nicht transskribiert werden.

– Entfernung der Proteine und Denaturierung der Chromosomen-DNS: Die Denaturierungsmethoden variieren sehr von Autor zu Autor. Drei Verfahrensweisen werden vor allem verwendet: alkalische Behandlung mit 0,07 n NaOH, 2 Minuten lang bei Zimmertemperatur (Gall und Pardue, 1971), Säurebehandlung mit 0,2 n HCl, 30 Minuten lang bei Zimmertemperatur, oder Behandlung mit einer Lösung von 0,15 M NaCl und 0,015 M Trinatriumzitrat bei hoher Temperatur (Sanchez und Yunis, 1974). Von all diesen Methoden scheint die Säurebehandlung mit 0,2 n HCl die besten zytologischen Ergebnisse nach Wiederfärbung der Chromosomen zu geben. Die Objektträger werden schnell durch Eintauchen in Alkoholbäder mit aufsteigender Konzentration: 50%ig, 70%ig, 90%ig und absolut dehydriert und luftgetrocknet. Eine Variante für Chromosomen, die BrdU inkorporiert haben: Es ist möglich, spezifisch diejenigen Chromosomensegmente zu denaturieren, die BrdU aufgenommen haben, wenn man zuerst eine Acridinfärbung, dann eine UV-Bestrahlung unter dem Mikroskop (was das Erkennen und Photographieren der Mitosen erlaubt) und schließlich eine thermische Denaturierung (30 bis 60 Sekunden in Earle's Lösung bei pH 6,5 und 87° C) durchführt. Die Präparate werden dann wie oben beschrieben dehydriert (Couturier und Mitarb., 1981).

– Hybridisierung: 40 μl der Lösung, die in SSC X 2 (s. S. 26) aufgeschwemmt den Marker enthält, werden auf jeden Objektträger gebracht. Handelt es sich bei diesem Marker um DNS, wird er zuvor durch Inkubation im Wasserbad bei 100° C 5 Minuten lang denaturiert. Es ist schwierig, präzise Angaben über die Markerkonzentration zu geben, weil diese sehr variabel sein kann, je nach spezifischer Aktivität, untersuchter Sequenz usw. Gall und Pardue (1971) geben die als geringste anzuwendende Aktivität mit 10^5 cpm/μg an. Die üblicherweise verwendeten Konzentrationen haben Werte von 0,1 bis 1 μg/ml. Verschiedene Autoren (Steffensen 1977, MacGregor und Mizuno 1976) empfehlen den Zusatz von 30- bis 50%igem Formamid zur Hybridisierungslösung.

Der Objektträger wird mit einem Deckglas (22 x 22 mm) abgedeckt und 15 Stunden lang in einer feuchten Kammer inkubiert. Diese Dauer kann variieren, je nach verwendetem Marker. Die Feststellung dieser Inkubationsdauer war vor kurzem noch empirisch; heutzutage ist aber die Kinetik der Hybridisierung besser bekannt (Szabo und Mitarb. 1975). Nach der Hybridisierung wird das Deckglas abgenommen, der Objektträger reichlich mit SSC X2-Lösung bei 65° C abgespült und durch Alkoholpassagen mit zunehmendem Titer entwässert. Im Falle einer Hybridisierung mit RNS ist es notwendig, vor der Dehydratation eine Eliminierung der nicht spezifischen Komplexe durch Behandlung des Objektträgers mit RNase (20 μg/ml in SSC X2, eine Stunde lang bei 37° C) durchzuführen.

b) *Autoradiographie*

Die Methode, die wir beschreiben, ist ebensogut für die Hybridisierung in situ wie für die Technik der Inkorporation radioaktiver Bausteine (z.B. Tritium-Thymidin) anwendbar.

□ Die Emulsion. – Es gibt zwei Emulsionssorten: den „stripping film" (Typ KODAK AR 10) und die flüssigen Emulsionen (Typ KODAK NTB). Der „stripping film" hat den Vorteil einer konstanten Dicke (5 μ); er ist für quantitative Untersuchungen gut geeignet und kann entsprechend dem Bedarf verwendet werden. Sein Aufbringen auf den Objektträger ist jedoch ziemlich schwierig. Die flüssige Emulsion hat mehrere Vorteile: Durch Verdünnung kann man ihre Dichte ändern und so feinere Schichten als mit dem „stripping film" erhalten. Der Kontakt zwischen Film und Präparat ist enger als beim „stripping film" und die Bedeckung des Objektträgers erfolgt schneller. Auf der anderen Seite ist die Konservierungszeit begrenzt und zur Vermeidung von Kontaminierungen sind größere Vorsichtsmaßnahmen notwendig.

□ Gewinnung autoradiographischer Präparationen. – Es soll hier die Verwendung der flüssigen Emulsion beschrieben werden, deren Anwendung sich mehr und mehr durchsetzt. Die Arbeit mit der Emulsion (z.B. KODAK NTB) verlangt Lichtschutz (15-Watt-Lampe mit KODAK-Filter Nr. 2 und Minimalabstand von 1,20 m).

Die Flasche wird in einem Wasserbad auf 45° C erwärmt, bis sich die Emulsion völlig verflüssigt hat (im Durchschnitt nach 45 Minuten). Die Emulsion wird im allgemeinen nach Verdünnung mit destilliertem Wasser im Verhältnis 1 : 1 verwendet. Die Durchmischung muß sehr sorgfältig erfolgen, so daß keine Luftblasen entstehen. Der Ansatz wird ins Wasserbad zurückgegeben. Die Objektträger werden der Reihe nach in die Lösung eingetaucht und schnell wieder entnommen; man läßt sie abtropfen und dann lufttrocknen. Nach dem ersten Antrocknen werden die Präparate auf einem Ständer 15 Stunden lang in die Dunkelkammer gestellt, um den Trocknungsvorgang zu beenden. Dann werden sie in einem lichtdichten Behälter der ein Trockenmittel enthält, bei +4° C aufbewahrt. Die Expositionsdauer variiert selbstverständlich in Abhängigkeit vom experimentellen Ansatz. In der Praxis wird man verschiedene Präparationen nach verschieden langer Expositionsdauer (z.B. von 3 Tagen bis zu mehreren Wochen) herstellen.

□ Behandlung

Entwicklung: KODAK 19 (Verdünnung 1 : 1), 4 Minuten lang bei 15° C ohne Umrühren.

Abstoppen: 30 Sekunden lang in destilliertes Wasser eintauchen.

Fixierung: KODAK Unifix (Verdünnung 1 : 3), 5 Minuten lang. Unter fließendem Wasser 5 Minuten lang spülen.

Kurz mit destilliertem Wasser abspülen und spontan an der Luft trocknen lassen.

□ Färbung. – Sie ist ein schwieriges Problem, speziell bei der Hybridisierung in situ. Die Chromosomenmorphologie ist oft durch die Hybridisierungsbehandlung und die Entwicklung der Emulsion sehr verändert. Außerdem findet die Färbung durch die Emulsion hindurch statt, wobei diese mehr oder weniger von dem Farbstoff aufnimmt. Zahlreiche Farbstoffe sind für die Autoradiographie angegeben worden; am einfachsten anzuwenden bleibt der Giemsa-Farbstoff. Die Färbung dauert 20 Minuten in folgender Lösung:

- Giemsa 10 ml
- Phosphatpuffer 1/15 M, pH 6,7: 10 ml
- destilliertes Wasser: 80 ml

Der Objektträger wird unter fließendem Wasser gründlich abgespült und spontan an der Luft getrocknet.

Die vorher gekennzeichneten Mitosen werden erneut fotografiert. Es ist nach der Beobachtung oft möglich, die Emulsion zu entfernen, ohne die Chromosomenpräparate zu beschädigen. Dazu entfettet man den Objektträger mit Toluol und taucht ihn nach dem Trocknen längere Zeit in destilliertes Wasser ein. Die Emulsion quillt auf und beginnt, sich vom Objektträger zu lösen. Sie kann dann mit einer Pinzette vorsichtig entfernt werden.

Markierungstechniken

Bei den Markierungstechniken handelt es sich um eine Reihe von Verfahren, mit deren Hilfe Strukturen, die sog. Banden, auf Mitose- sowie Meiose-Chromosomen sichtbar gemacht werden können. Diese Verfahren sind sehr unterschiedlich, so daß es schwer ist, sie in einer übersichtlichen Weise zu beschreiben.

Die erste Methode basiert auf einer spezifischen Färbung und der Betrachtung der Fluoreszenz, die von den Chromosomen nach UV-Anregung ausgestrahlt wird.

Eine zweite Gruppe von Methoden resultiert aus der thermischen Behandlung von Chromosomenpräparationen im Salzmilieu und einer Giemsafärbung; diese erlauben eine Betrachtung auf herkömmliche Weise.

Ein drittes Verfahren beruht auf einer enzymatischen Behandlung der Chromosomen, die dann mit Giemsa gefärbt werden.

Schließlich gibt es eine letzte Gruppe von Techniken, die auf einer Veränderung des Chromosoms in der lebenden Zelle beruhen, z.B. durch Inkorporation einer Verbindung, die analog einer DNS-Base ist; dabei beobachtet man die Folgen für die Chromosomenkondensation.

All diesen Techniken liegen verschiedene biochemische Verfahren zugrunde, die sowohl an den verschiedenen Chromosomenbestandteilen, wie DNS und Proteinen, als auch am Ablauf der DNS-Replikation sowie der Chromatidkondensation angreifen.

Die durch diese Methoden entdeckten Strukturen sind ordnungsgemäß registriert und klassifiziert worden. Ihre Nomenklatur wird im Kapitel 6 behandelt. Trotzdem möchten wir schon jetzt die drei wichtigsten Markierungstypen genauer erläutern:

– zwei für das Euchromatin, d.h. die nicht variablen Segmente, was bei den meisten Spezies fast der ganzen Chromatidlänge entspricht. Dies sind einerseits die Q- und G-Banden, die die gleiche Lokalisation haben und ca. 50% des Euchromatins färben, andererseits die R-Banden, die den Rest färben. Das Euchromatin besteht also abwechselnd aus Q- oder G- und R-Banden,

– eine für das Heterochromatin, welches vorwiegend in der Zentromergegend lokalisiert ist; diese entspricht bei den meisten Säugetieren der C-Markierung. Es gibt jedoch zahlreiche Ausnahmen und ebensoviele Färbungsmethoden für Heterochromatin.

Markierung des Euchromatins

a) *Q-Banden (Quinacrin)*

□ Literatur. – Caspersson und Mitarbeiter (1970)

□ Technik. – Sie steht der Acridin-Orange-Technik nahe.

Die Objektträger werden nacheinander in Alkoholbäder mit abnehmendem Titer getaucht, mit destilliertem Wasser abgespült und für 5 Minuten in ein Phosphatpufferbad (pH 6,7) gestellt. Die Färbung erfolgt 20 Minuten lang in einer Quinacrin-Mustard-Lösung (5 mg/100 ml dest. Wasser). Die Objektträger werden anschließend in einem neuen Phosphatpufferbad abgespült, mit demselben Puffer überschichtet und mit einem Deckglas bedeckt. Die Beobachtung erfolgt im Fluoreszenzmikroskop. Das Absorptionsmaximum für Quinacrin liegt zwischen 430 und 460 nm, das Emissionsmaximum bei 480 bis 530 nm. Folgende Filterkombinationen werden empfohlen:

Filtertyp	*Anregungsfilter*	*Sperrfilter*
gefärbtes Glas	BG 12	50
Interferenz	BP 436/8	LP 475

□ Ergebnisse (Abb. 5). – Die Chromosomen zeigen alternierend dunklere und hellere Banden, deren Sequenz spezifisch für ein Chromosomenpaar ist. Die sekundären Konstriktionen erscheinen dunkel. Bestimmte heterochromatische Gegenden leuchten sehr hell: die Zentromerregion des Chromosoms 3, manchmal des 4, des 13, sowie einige kurze Arme akrozentrischer Chromosomen und vor allem der distale Abschnitt des langen Armes des Y-Chromosoms. Diese markierten Abschnitte können physiologischerweise variieren (Abb. 6). Gerade für ihre Untersuchung ist die Quinacrinfärbung von großem Interesse. Die Fluoreszenz des langen Armes

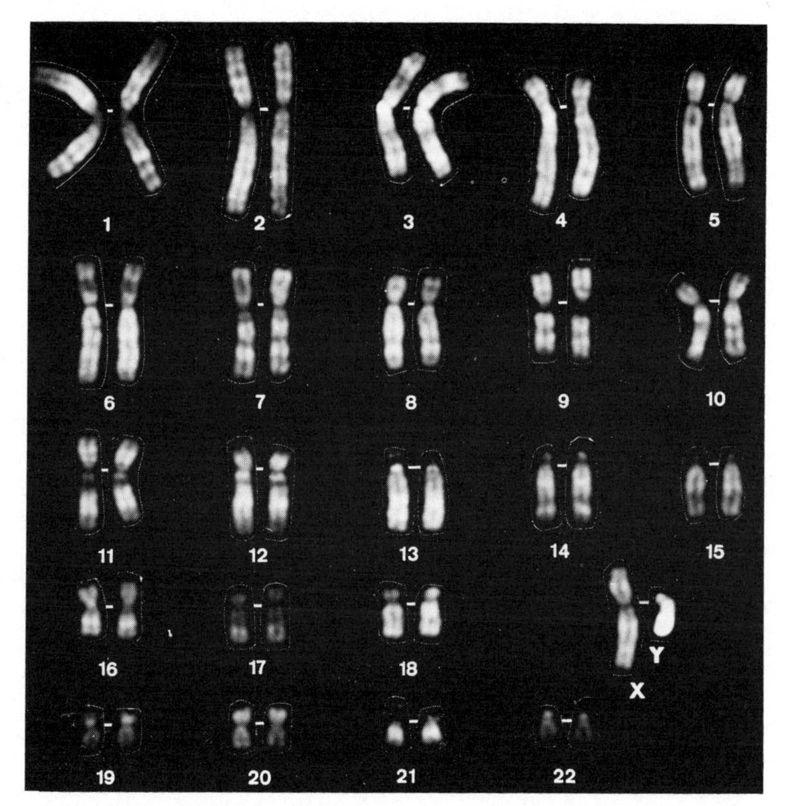

Abb. 5 Quinacrin-Mustard-Färbung (Q-Banden). Männlicher Karyotyp. Beachte die besonders starke Fluoreszenz des langen Armes des Y-Chromosoms und einiger anderer heterochromatischer Regionen, etwa der perizentrischen Region von Chromosom 3

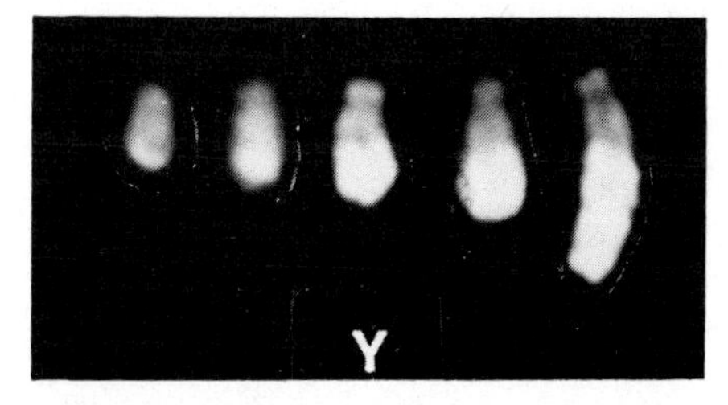

Abb. 6 Normale Variationen des Y-Chromosoms (Q-Banden). Die Längenunterschiede des Y-Chromosoms je nach Individuum entstehen durch Variationen der fluoreszierenden Region des langen Armes

des Y-Chromosoms ist oft so intensiv, daß sie bereits im Interphasekern erkannt werden kann (Mundschleimhautabstriche, Fibroblasten, Amnionzellen, Spermatozyten). Trotzdem muß man die Möglichkeit falsch positiver Ergebnisse berücksichtigen, bedingt durch das Auftreten autosomaler Marker mit Eigenfluoreszenz.

b) *G-Banden (Giemsa)*

□ Literatur. – Da sie sehr umfangreich ist, wollen wir nur auf die heute gebräuchlichsten Techniken näher eingehen.

- Denaturierungsmethoden: Sumner und Mitarb. (1971), Schnedl (1971).
- Proteolytische Methoden: Dutrillaux und Mitarb. (1971), Seabright (1971).

□ Techniken

– SSG (Säure, Salz, Giemsa) (Sumner u. Mitarb., 1971). Die Objektträger werden in einer SSC X2-Lösung (0,3 M NaCl, 0,03 M Trinatriumzitrat) eine Stunde lang bei 60° C inkubiert, mit destilliertem Wasser gespült und anschließend in einer 2%igen, auf pH 6,8 gepufferten Giemsalösung eineinhalb Stunden lang gefärbt.

– Trypsin (Seabright, 1971). Mehrere Autoren haben inzwischen einfach Modifikationen dieser proteolytischen Technik vorgeschlagen, das Prinzip ist aber gleich geblieben. Man bereitet eine 0,25%ige Trypsinlösung (Trypsin 1 : 250 Difco) in isotoner Kochsalzlösung oder, noch besser, in modifizierter PBS (= phosphate buffered saline) ohne Calcium und ohne Magnesium:

NaCl:	8 000 mg/l
KCl:	200 mg/l
$Na_2HPO_4 \cdot 2H_2O$:	1 440 mg/l
KH_2PO_4:	200 mg/l

Die Objektträger werden 10 bis 45 Sekunden lang bei Zimmertemperatur in diese Lösung getaucht, mit isotoner NaCl-Lösung oder PBS gespült und mit Giemsa gefärbt. Diese proteolytische Technik ist heute eine der empfehlenswertesten Markierungsmethoden.

□ Ergebnisse (Abb. 7) – Die Chromosomen zeigen abwechselnd dunklere und hellere Banden, deren Topographie mit der der Q-Banden identisch ist: Die gefärbten Banden entsprechen den stark leuchtenden Banden der Quinacrin-Mustard-Färbung. Es gibt jedoch Unterschiede in den heterochromatischen Abschnitten.

c) *R-Banden (Reverse)*

□ Literatur. – Dutrillaux und Lejeune (1971), Carpentier und Mitarb. (1972), Dutrillaux und Covic (1974), Sehested (1974), Verma und Lubs (1975).

□ Technik. – Die Technik, von Dutrillaux und Covic (1974) und Dutrillaux (1975a) beschrieben, ist als eine schonende Chromosomendenaturierung anzusehen; sie beruht auf einer Behandlung der Präparate in phy-

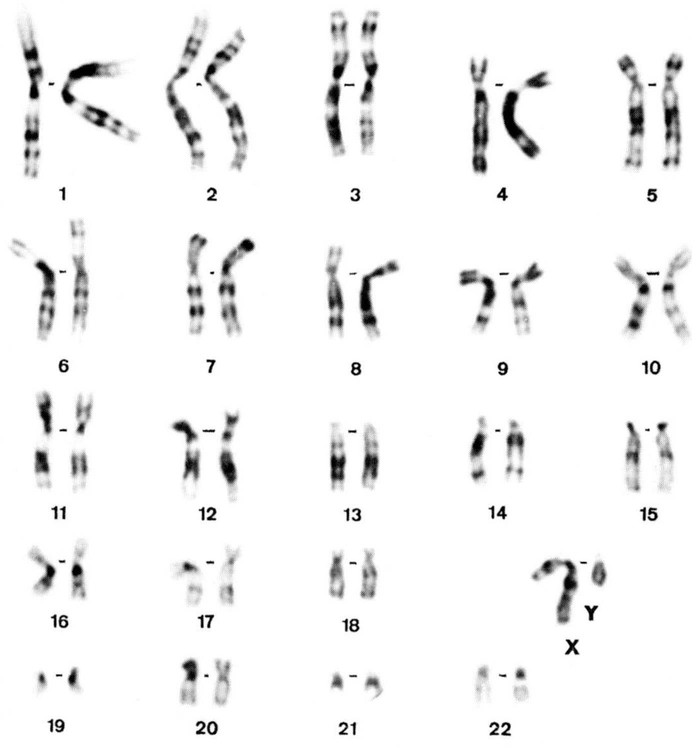

Abb. 7 G-Banden. Giemsafärbung. Männlicher Karyotyp

siologischem Milieu (ursprünglich ein Phosphatpuffer) bei pH 6,5 und 87° C. Diese Technik ist für die Routine gut geeignet.

Man bereitet zuerst eine Earle's Lösung ohne Bikarbonat; dabei wird entweder von einer konzentrierten, fertig gekauften, oder von einer selbst zubereiteten Salzlösung ausgegangen. Wir geben hier die Zusammensetzung dieser Lösung.

NaCl:	6 800 mg/l
KCl:	400 mg/l
$NaH_2PO_4 \cdot H_2O$:	140 mg/l
$MgSO_4 \cdot 7H_2O$:	200 mg/l
Glucose:	1 000 mg/l
$CaCl_2$:	200 mg/l

Diese Lösung mit einem pH von ca. 5,2 wird mit einem pH-Meter unter Zugabe von Na_2HPO_4-Kristallen auf pH 6,5 eingestellt, in 100 ml-

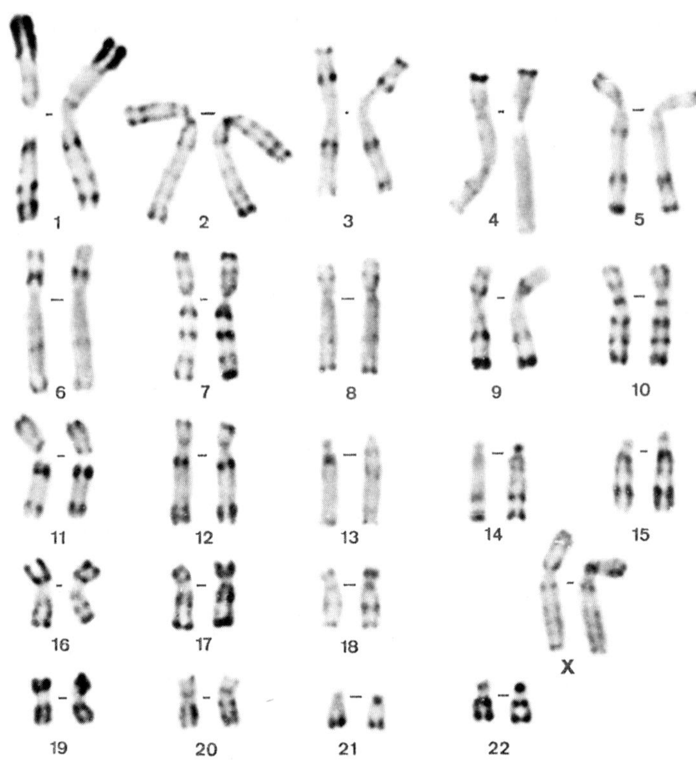

Abb. 8 R-Banden. Giemsafärbung. Weiblicher Karyotyp

Porzellanschalen gefüllt und in ein 87° C-Wasserbad gestellt. Die Temperatur ist ein kritischer Parameter dieser Technik: Um die Temperatur auf 1 Grad genau halten zu können, muß das Wasserbad eine eingebaute Umwälzpumpe besitzen. Die Objektträger werden je nach Frische verschieden lang in die Lösung getaucht: Die am gleichen Tag zubereiteten Präparate werden 1 bis 2 Stunden, 8 Tage alte Präparate 15 bis 45 Minuten lang behandelt. Abschließend werden die Präparate sofort unter fließendem Wasser abgespült und mit Giemsa gefärbt. Die mikroskopische Beobachtung bei starker Vergrößerung und das Photographieren werden im Phasenkontrast gemacht; dazu verwendet man einen Orangefilter, weil die Färbung im allgemeinen ziemlich blaß ist.

□ Ergebnisse (Abb. 8). – Die Chromosomen zeigen abwechselnd dunkle und helle Banden, deren Topographie ein Negativ der Q- oder G-Banden ist: Die gefärbten Banden entsprechen den Banden, die bei der Quinacrin-Mustard-Färbung dunkel erschienen sind.

Ein zu stark gefärbtes Präparat zeigt im allgemeinen Refraktionsstellen im Phasenkontrast; dies ist der Beweis einer unzureichenden thermischen Behandlung. In diesem Falle ist es möglich, den Objektträger nach Entfettung mit Toluol erneut ins Denaturierungsbad (ohne Färbung) einzutauchen, um die Behandlung zu verlängern. Die übliche Färbung wird danach wiederholt. Andererseits sind sehr blasse Chromosomen, die kaum Bandenmuster zeigen, der Beweis für eine zu lange Behandlung.

Anstelle einer Giemsa-Färbung ist es möglich, eine Färbung mit Acridin-Orange durchzuführen und die Präparate unter Fluoreszenz zu beobachten (Bobrow und Mitarb., 1972a; Verma und Lubs, 1975). Dazu werden die aus dem Denaturierungsbad geholten Objektträger kurz mit destilliertem Wasser abgespült und direkt in die Acridin-Lösung (s. S. 18) getaucht. Die R-Banden erscheinen dann gelb-grün, die G-Banden dunkelrot gefärbt. Im allgemeinen zeigt dieses Verfahren keinen Vorteil gegenüber der üblichen Giemsa-Färbung. Dagegen erhält man bessere Ergebnisse, wenn der Kontrast wegen der zu langen thermischen Behandlung schwach ist. In diesem Falle wird das mit Giemsa gefärbte Präparat mit Toluol entfettet, dann durch 15minütiges Eintauchen in 70%igem Alkohol entfärbt, mit destilliertem Wasser abgespült und in Acridin-Lösung getaucht.

d) *T-Banden (Terminales)*

□ Literatur. – Dutrillaux (1973).

□ Technik. – Sie ist von der R-Banden-Technik abgeleitet und dient der Darstellung bestimmter Banden, vor allem derjenigen, die denaturierungsresistent sind.

Die Präparate werden in eine auf 87° C erhitzte, nicht eingestellte (pH ca. 5,2) Earle's Lösung ohne Bikarbonat getaucht.

Auch hier variiert die Dauer der thermischen Behandlung mit dem Alter des Präparates. Es gelten ungefähr die gleichen Zeiten wie bei den R-Banden. Nach Abspülen unter fließendem Wasser können die Objektträger einfach mit Giemsa, besser noch mit Acridin-Orange gefärbt werden und unter UV-Anregung beobachtet werden. In diesem Falle muß keine Passage durch die Alkoholreihe zur Rehydratation durchgeführt werden.

□ Ergebnisse (Abb. 9). – Nach einer Giemsa-Färbung erscheinen im Phasenkontrast die Mitosen sehr blaß und die Chromosomen zeigen nur schwach gefärbte Banden, die vorwiegend an den Chromosomenenden liegen. Besonders markiert werden z.B. die Enden der kurzen Arme der Chromosomen 4 und 7 und der langen Arme der Chromosomen 8, 9, 17 usw. Auch einige kurze Arme akrozentrischer Chromosomen können stark gefärbt sein; es handelt sich dabei um Segmente, deren Veränderung nicht pathologisch ist.

Eine Färbung mit Acridin-Orange ergibt einen hervorragenden Kontrast: Die gelb leuchtenden T-Banden lassen sich gut von den dunkelrot gefärbten Chromatidresten unterscheiden.

Ist die thermische Behandlung jedoch ungenügend, erscheinen die Chromosomen überfärbt und es bleiben zahlreiche R-Banden übrig.

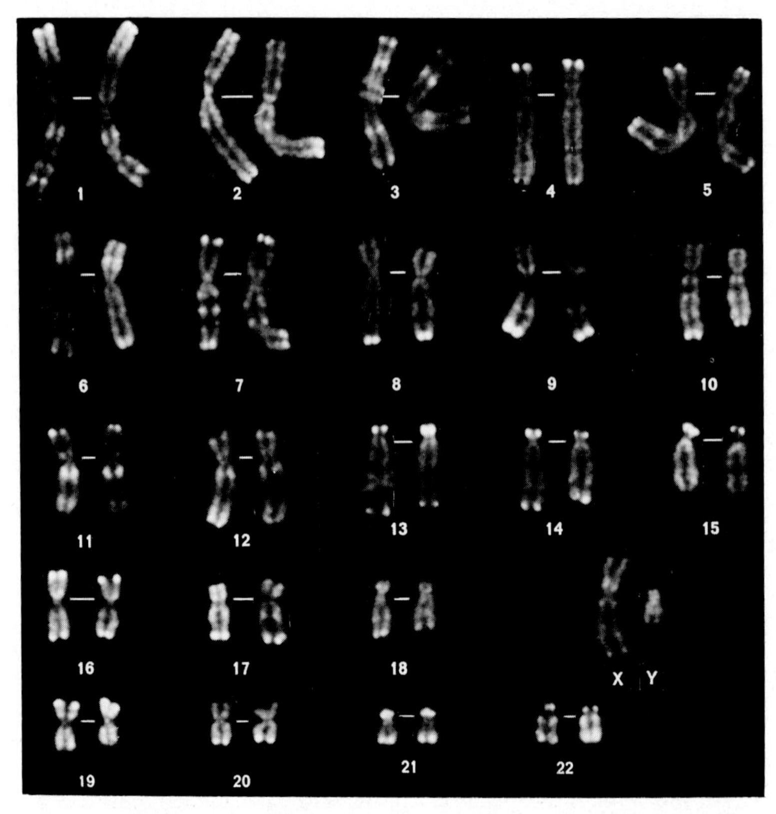

Abb. 9 T-Banden. Acridin-Orange-Färbung. Beachte die normalen Abweichungen in der Länge und der Fluoreszenz der kurzen Arme der akrozentrischen Chromosomen

Verwendet man für diese sowie für die R-Banden-Markierung Präparate, die nach einer hypotonen Behandlung mit verdünntem Humanserum wie weiter oben beschrieben gewonnen wurden, so erzielt man damit scheinbar bessere Ergebnisse.

Markierung des Heterochromatins

Da diese Techniken Strukturen zeigen, die nicht zu den beiden großen Bandensystemen Q (oder G) und R gehören, ziehen wir es vor, sie getrennt zu behandeln.

a) *C-Banden (Centromer)* – Färbung des konstitutiven Heterochromatins.

□ Literatur. – Sie ist umfangreich; wir nennen hier: Arrighi und Hsu (1971), Craig-Holmes und Shaw (1971), Yunis und Mitarb. (1971), Sumner (1972).

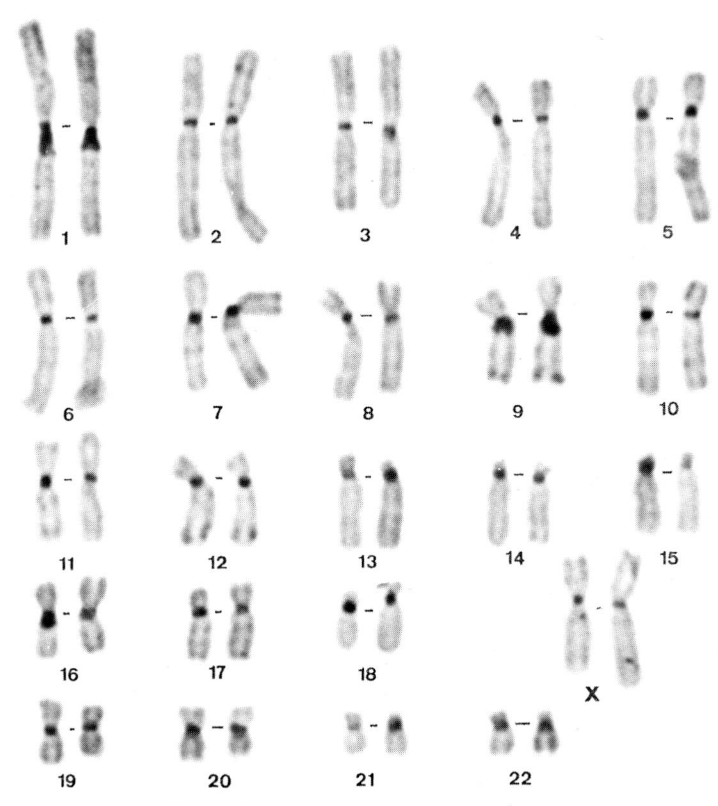

Abb. 10 C-Banden. Giemsafärbung

□ Technik. – Wir beschreiben, leicht modifiziert, die Technik nach Sumner, welche gute Ergebnisse liefert.

Die Objektträger werden eine Stunde lang bei Zimmertemperatur in 0,2 n HCl getaucht, mit destilliertem Wasser gespült und 30 Sekunden bis 1 Minute lang bei 50° C mit einer 0,3 n Bariumhydroxidlösung behandelt. Nach dem Abspülen mit destilliertem Wasser werden sie eine Stunde lang bei 60° C in eine SSC X2-Lösung (0,3 M NaCl, 0,03 M Trinatriumzitrat) getaucht. Nach erneuter Spülung mit destilliertem Wasser werden die Objektträger 5 Minuten lang mit Giemsa gefärbt.

□ Ergebnisse (Abb. 10). – Die Chromatiden erscheinen gleichmäßig blaß (die Beobachtung wird bevorzugt im Phasenkontrast durchgeführt); nur die Zentromerregionen, die sekundären Konstriktionen sowie der distale Teil des langen Armes des Y-Chromosoms sind stark gefärbt.

Überfärbte Chromatiden und daraus resultierender schlechter Kontrast der C-Banden deuten auf eine ungenügende Bariumhydroxid-Behandlung

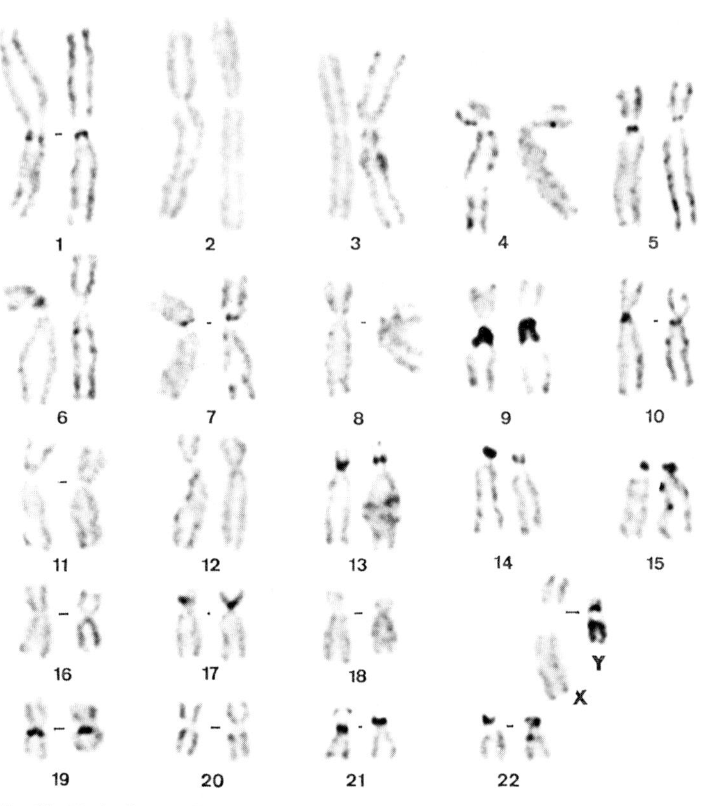

Abb. 11 Technik zur Färbung der sekundären Konstriktion des Chromosoms 9. Beachte auch die Anfärbung anderer heterochromatischer Regionen: langer Arm des Y-Chromosoms, kurze Arme der akrozentrischen Chromosomen usw.

hin. Dann ist es empfehlenswert, diese um ca. 30 Sekunden zu verlängern. Sind die Chromosomen jedoch sehr blaß, also praktisch ohne Markierung, war die Behandlung mit Bariumhydroxid zu lang.

b) *CT-Banden*

□ Literatur. – Scheres (1976)

□ Technik. – Die Objektträger werden 10 Minuten lang bei 60° C in eine gesättigte $Ba(OH)_2$-Lösung gelegt. Sie werden dann mit destilliertem Wasser gespült und 30 Minuten lang bei 60° C in einer SSC X2-Lösung inkubiert. Nach einer Spülung mit destilliertem Wasser werden die Objektträger 10 Minuten lang in einer 0,005%igen „Stains all“ Lösung Serva (4,5, 4′, 5′-dibenzo-3,3′-diäthyl-9-methyl-thiacarbocyanin-bromid) in einer Mischung Formamid: Wasser = 1 : 1 gefärbt. Zum Schluß wird mit destilliertem Wasser gespült und getrocknet.

□ Ergebnisse. – Die C- und T-Banden werden gleichzeitig gefärbt.

c) *Färbung von Regionen mit verschiedenen Arten von Satelliten-DNS* (besonders die sekundäre Konstriktion des Chromosoms 9).

□ Literatur. – Gagné und Laberge (1972), Bobrow u. Mitarb. (1972b).

□ Technik. – Die beiden Techniken sind ziemlich ähnlich. Die nach Bobrow ist die einfachste: Die Objektträger werden 8 Minuten lang in eine 2%ige Giemsalösung, die durch Zugabe von NaOH auf pH 11 eingestellt wird, getaucht. Bei der Technik nach Gagné und Laberge wird die 2%ige Giemsalösung aus einer 0,1%igen $Na_2HPO_4 \cdot 12\ H_2O$-Lösung zubereitet und durch Zugabe von NaOH auf pH 11,6 eingestellt. Die Objektträger werden 5 Minuten lang in dieser Lösung gefärbt.

□ Ergebnisse (Abb. 11). – Mit dieser Technik, mit der man die sekundäre Konstriktion des Chromosoms 9 stark färbt, kann man auch andere heterochromatische Regionen färben: die kurzen Arme akrozentrischer Chromosomen, die distale Region des langen Armes des Y-Chromosoms und die Zentromerregion der Chromosomen 1, 5, 7, 10, 17 und 19.

d) *Färbung bestimmter heterochromatischer Regionen mit DA-DAPI*

Eine große Zahl von Fluorochromen oder Antibiotika (33258 Hoechst, Actinomycin D, Chromomycin, Olivomycin, Netropsin, Daunomycin, Mithramycin usw.), bei denen man eine besondere Affinität zu bestimmten DNS-Basensequenzen oder eine unterschiedliche Fluoreszenzintensität bei diesen Sequenzen vermutet hatte, ist an Chromosomenpräparationen getestet worden. Die Ergebnisse dieser Experimente sind nicht einheitlich und haben bis jetzt kaum zu praktischer Anwendung geführt. Es ist nicht möglich, sie in einem Grundlagenbuch genauer zu beschreiben. Wir werden deshalb hier nur auf die Färbetechnik mit Distamycin A und 4′,6-Di-Amidino-2-Phenyl-Indol (DA-DAPI) eingehen, da diese relativ einfach durchzuführen ist und z.B. die heterochromatische Natur bestimmter Chromosomensegmente bestätigt, welche auf den ersten Blick als Überschuß erscheinen.

□ Literatur. – Schweizer und Mitarb. (1978)

□ Technik. – Die Präparate werden mit einer Lösung von 0,2 mg/ml Distamycin A-HCl in McIlvaine's Puffer, pH 7 (0,33 M Na^+), 15 Minuten lang gefärbt. Sie werden mit dem gleichen Puffer gespült und nochmals mit einer Lösung von 0,4 μg/ml DAPI in McIlvaine's Puffer (pH 7) 15 Minuten lang gefärbt. Man spült zuerst mit dem gleichen, dann mit einem Puffer pH 7,5. Der Objektträger wird mit Puffer, pH 7,5, überschichtet und mit einem Deckglas versehen. Der Pufferüberschuß wird durch Abtupfen des Objektträgers mit Filterpapierblättchen entfernt. Die Beobachtung wird unter UV-Beleuchtung durchgeführt. Das Absorptionsmaximum des DNA-DAPI-Komplexes (nur diese Verbindung fluoresziert) liegt bei 355 nm, das Emissionsmaximum bei 450 nm; entsprechend werden der Anregungs- und der Sperrfilter gewählt. Die Hauptschwierigkeit dieser Technik liegt in der raschen Abnahme der Fluoreszenz während der

Abb. 12 DA-DAPI-Färbung. Männliche Zelle (Dr. B. Noël. Centre départemental de transfusion sanguine, Chambéry)

UV-Bestrahlung. Eine Verbesserung erreicht man, wenn man die Objektträger nach der Färbung 15 Stunden lang in den Kühlschrank legt; dies ist auch bei anderen Fluorochromen beobachtet worden.

□ Ergebnisse. – Die Chromatiden fluoreszieren insgesamt nur wenig, dagegen leuchten die heterochromatischen Regionen der Chromosomen 1, 9 und 16, der kurze Arm des Chromosoms 15 und die distale Region des Y-Chromosoms sehr stark (Abb. 12). Auch manche Zentromere fluore zieren relativ gut. Nach längerer Emission verschwinden die hellen Regionen und es erscheint eine Q-Typ-Markierung, die mit der Eigenfluoreszenz von DAPI erklärt wird.

e) *Färbung der den Nukleolus organisierenden Region (NOR)*

Diese Regionen können durch zwei Methoden sichtbar gemacht werden durch „Denaturierungs"methoden (N-Banden) und die Silberpräzipitations methode.

– N-Banden

□ Literatur. – Funaki und Mitarb. (1975).

□ Technik. – Die ursprüngliche Technik, die eine Hitzebehandlung der Präparate mit Trichloressigsäure und Salzsäure vorsahen, ist geändert worden; wir beschreiben diejenige, mit der unserer Meinung nach bessere Erge nisse erzielt werden.

Die Objektträger werden in 1 M NaH_2PO_4-Lösung, die mit NaOH auf pH 4,2 eingestellt worden ist, bei 96° C 15 Minuten lang inkubiert. Sie werden dann mit destilliertem Wasser ausgiebig gespült und 20 Minuten lang in einer 4%igen Giemsalösung in 1/15 M Phosphatpuffer, pH 7, gefärbt. Schließlich werden sie unter fließendem Wasser gespült und an der Luft getrocknet.

□ Ergebnisse. – Insgesamt erscheinen die Chromatiden ziemlich blaß; gefärbt sind nur die Regionen, die ribosomale DNS tragen (beim Menschen die Kurzarmregionen der akrozentrischen Chromosomen), obwohl man von der Technik her eher eine Färbung der Chromosomenproteine als der DNS erwarten würde.

– Färbung mit Silbernitrat

□ Literatur. – Bloom und Goodpasture (1976).

□ Technik. – Zwei Methoden können angewendet werden; eine direkte und eine andere mit nachfolgender Denaturierung.

Direkte Technik: Sie hat den Vorteil, einfacher zu sein und eine homogenere Färbung des Präparates zu geben, wohingegen der Kontrast oft schwach ist. Sie beruht einfach darauf, die Objektträger mit einer 50%igen Lösung von Silbernitrat in destilliertem Wasser vollständig zu überschichten. Dann wird mit einem Deckglas abgedeckt und 4 Stunden lang bei 50° C oder 15 Stunden lang bei 37° C in einer feuchten Kammer inkubiert, um eine Austrocknung zu vermeiden. Nach dieser Zeit werden die Objektträger mit destilliertem Wasser gespült, getrocknet und können dann beobachtet werden. Ist der Chromosomenkontrast schwach, kann man noch 15 Sekunden lang eine 2%ige Giemsafärbung anschließen.

Technik mit Denaturierung: Drei Lösungen müssen dazu vorbereitet werden:

- 50%ige $AgNO_3$-Lösung in destilliertem Wasser
- Ammoniaksilbernitrat-Lösung:

$AgNO_3$:	4 g
destilliertes Wasser:	5 ml
28%iges NH_4OH:	5 ml

  Umrühren bis zum Verschwinden des Präzipitats.
- Formaldehydlösung:

Eine 3%ige Formaldehydlösung vorbereiten, mittels pH-Meter durch Zugabe von Natriumazetat auf pH 7, dann durch Zugabe von einigen Tropfen Ameisensäure auf pH 4,5 einstellen.

Die Objektträger werden mit der 50%igen $AgNO_3$-Lösung und einem Deckglas bedeckt und bei 50° C 15 Minuten lang in einer feuchten Kammer inkubiert. Sie werden dann mit destilliertem Wasser gespült und getrocknet. Anschließend wird jeder Objektträger mit 4 Tropfen Ammoniaksilbernitratlösung und der gleichen Menge Formaldehyd überschichtet und mit einem Deckglas versehen. Der Verlauf der Färbung wird von da an un-

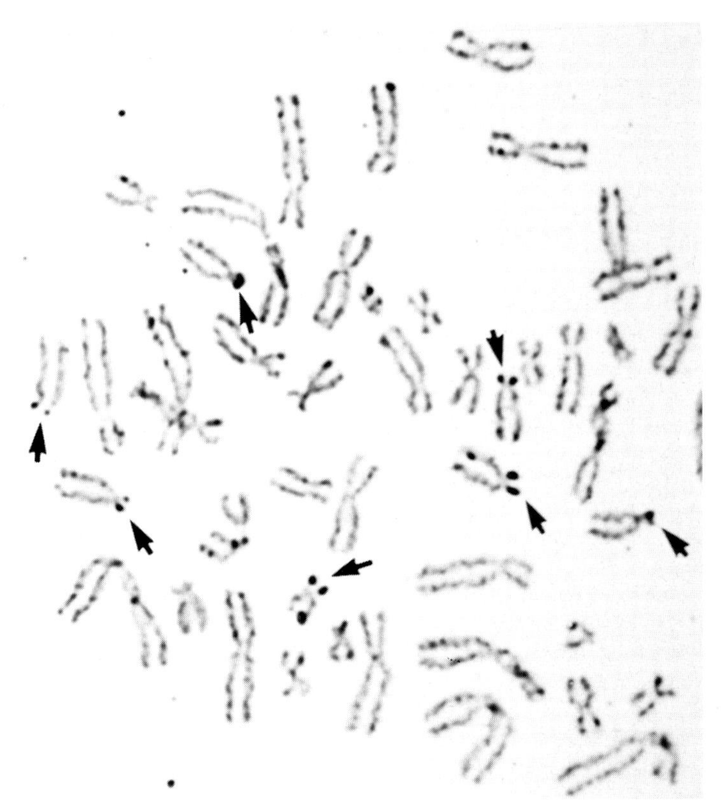

Abb. 13 Nachweis der Nukleolus organisierenden Regionen (NOR). Silberfärbung

ter dem Mikroskop beobachtet. Man sieht nach ca. einer Minute eine Braunfärbung der Interphase-Kerne und der Chromosomen. Sobald der Kontrast als genügend empfunden wird, wird die Färbung durch Spülen mit destilliertem Wasser abgestoppt. Diese zweite Technik ist zwar schneller und gibt oft kontrastreichere Markierungen, hat aber den Nachteil einer inhomogenen Färbung des Präparats; dies liegt wahrscheinlich daran, daß die Mischung von Ammoniaksilbernitratlösung und Formaldehydlösung unvollständig ist.

□ Ergebnisse (Abb. 13). – Sie sind annäherend identisch mit denen, die durch die N-Bandentechnik gewonnen werden. Die Silberkörnchen liegen auf den Kurzarmregionen der akrozentrischen Chromosomen (beim Menschen), die die ribosomale DNS tragen. Auch die Nukleolen der Interphase-Kerne beinhalten zahlreiche Silberkörnchen.

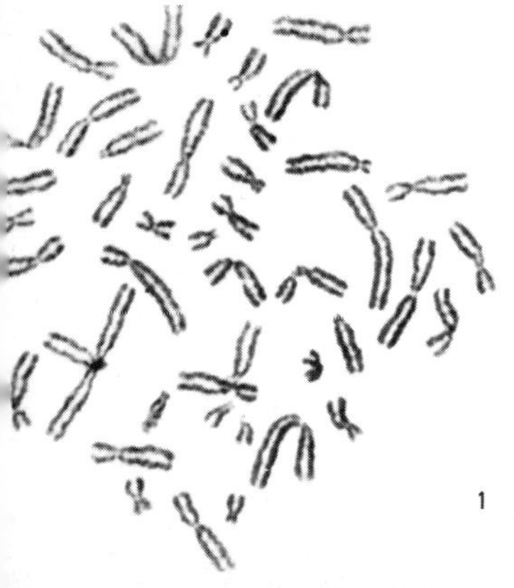

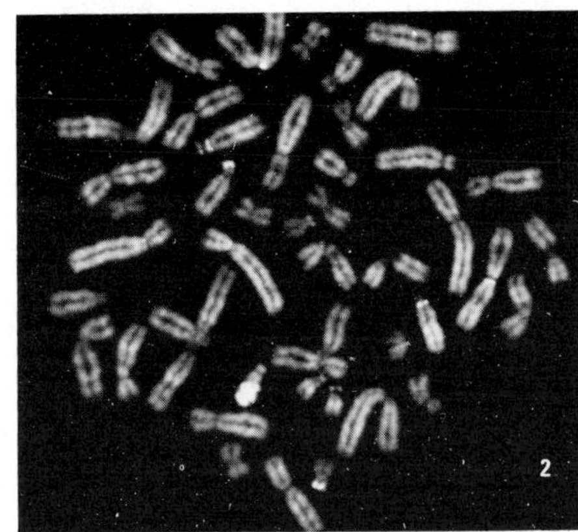

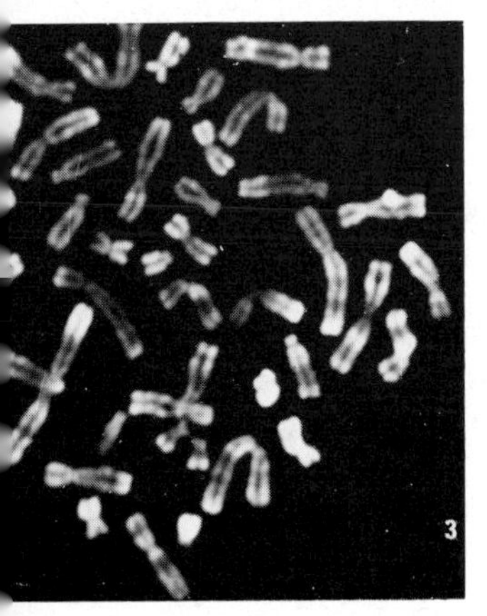

Abb. 14 Mehrfachfärbung der gleichen Mitose mit drei verschiedenen Techniken.
1: Giemsafärbung; 2: Q-Banden; 3: R-Banden, Acridin-Orange-Färbung

Mehrfachmarkierungen eines Präparates

Wie wir gesehen haben, kann man die Chromosomenmarkierung in drei große Bandensysteme gliedern:

zwei reziproke Systeme: die Q- (oder G-) Banden und die R-Banden, die das Euchromatin betreffen und die C-Banden, die das konstitutive Heterochromatin darstellen.

Es kann nun von Nutzen sein (z.B., um eine Bruchstelle zu bestimmen oder um die Zentromere eines dizentrischen Chromosoms zu lokalisieren usw.), alle diese Strukturen in derselben Mitose sichtbar zu machen. Dies ist möglich (Abb. 14) unter der Bedingung, daß man eine gewisse Reihenfolge der Techniken einhält und nur Präparate einsetzt, die mindestens 10 bis 15 Tage vorher vorbereitet wurden.

Man kann mit einer klassischen Giemsafärbung beginnen. Die interessanten Mitosen werden abphotographiert und ihre Koordinaten notiert. Dann wird zuerst das Immersionsöl durch kurzes Tauchen in mehrere Toluolbäder entfernt und anschließend der Objektträger durch Passagen in 70%igem und 50%igem Alkohol entfärbt.

Damit steht der Objektträger für die Durchführung einer Quinacrinfärbung zur Verfügung. Die gleichen Mitosen können nun aufs neue abphotographiert werden (Q-Banden). Bleibt nach vorsichtiger Entfernung des Deckglases noch Immersionsöl auf dem Objektträger zurück (Fluoreszenz durch Transmission), wird dieser so gut wie möglich mit einem Zelluloselappen abgewischt.

Das Präparat wird dann direkt in ein Bad mit Earle's Lösung, pH 6,5, bei 87° C (ohne Entfärbung) getaucht, um die R-Banden-Markierung durchzuführen. Die Denaturierungszeiten sind etwas kürzer als die von Präparaten ohne vorherige Quinacrinfärbung und UV-Bestrahlung. Nun kann die übliche Färbung mit Giemsa oder Acridin-Orange durchgeführt werden. Die Acridin-Orange-Färbung hat den Vorteil, daß man einen Vergleich von zwei Fluoreszenzmarkierungsmethoden (Q und R) anstellen kann.

Schließlich kann eine Heterochromatinmarkierung, meistens die C-Banden, nach Entfettung des Objektträgers, aber ohne Entfärbung, durchgeführt werden. Bei dieser Behandlung muß $Ba(OH)_2$ auf die Hälfte reduziert werden.

Die NOR-Färbung nach einer Q- und R-Banden-Markierung ist schwieriger, nach einer Quinacrin-Färbung allein dagegen noch relativ leicht.

Es ist auch möglich, zuerst G-Banden (SSG) und dann R-Banden zu markieren, die Ergebnisse erscheinen uns aber nicht so gut reproduzierbar; besser ist die Markierung von Q-Banden, gefolgt von R-Banden.

Markierungsmethoden durch Behandlung von lebenden Zellen

Inkorporation von Tritium-Thymidin

Die Inkorporation von Tritium-Thymidin mit anschließender Autoradiographie war lange Zeit die einzige Chromosomenmarkierungstechnik.

Im Prinzip ist die Durchführung dieser Technik ziemlich einfach; sie beruht auf der Zugabe von Tritium-Thymidin zu einer Kultur. Die Einwirkungsdauer ist je nach dem Ziel verschieden; die Zugabe erfolgt meistens zum Ende der Kulturdauer während der letzten Stunden (German, 1964).

Die Abb. 15 zeigt eine autoradiographische Markierung nach Inkorporation während der letzten 7 Kulturstunden. Auf diese Weise werden die Chromosomensegmente, die ihre DNS spät repliziert haben, dargestellt. In

Abb. 15 Autoradiographie einer weiblichen Zelle nach Inkorporation von Tritium-Thymidin während der späten S-Phase (während der letzten 7 Kulturstunden). Der Pfeil zeigt das spätreplizierende X-Chromosom

der weiblichen Zelle ist das spätreplizierende X-Chromosom besonders gut zu erkennen.

□ Technik. – Das Tritium-Thymidin, dessen spezifische Aktivität bei 5 Curie pro Millimol liegt (Thymidinmethyl ^{3}H-TMM 79 B CEA), wird bis zu einer Endaktivität von 1 μC/ml dem Kulturmedium zugesetzt. Die Weiterbehandlung der Kultur, die Präparationstechnik sowie die Färbung werden normal durchgeführt (s. S. 4). Die einzige wichtige Einschränkung betrifft die Handhabung und die Entfernung des tritiumhaltigen Kulturmediums, welche mit den üblichen Vorsichtsmaßnahmen beim Umgang mit radioaktiven Stoffen durchgeführt werden müssen.

Die Mitosen werden notiert und bei Bedarf abphotographiert. Die autoradiographische Methode ist somit vergleichbar derjenigen, die wir bei der Hybridisierung in situ beschrieben haben (s. S. 22. Der einzige Unterschied liegt in der Expositionsdauer, die 1 bis 4 Wochen betragen kann).

Behandlungsmethoden mit BrdU

Durch den raschen Fortschritt der letzten 10 Jahre (Zakharov und Egolina 1968; Palmer, 1970; Zakharov und Egolina, 1972) sind Methoden entwikkelt worden, die auf einer Inkorporation von BrdU (5-Bromdesoxyuridin) beruhen; diese haben für die Chromosomenanalyse große Bedeutung gewonnen.

Prinzip

a) *BrdU als Thymidinanalog*

Die Inkorporation von BrdU in die DNS erfolgt immer während der Replikation. Bis jetzt hat nur die Inkorporation während der synchronisierten Synthese (S-Phase) Ergebnisse gebracht.

O
HN
Br
O
N
Desoxyribose

BrdU (siehe Formel) wird anstelle des Thymidins eingebaut; die einzubauende BrdU-Menge hängt dabei von der verwendeten Dosis ab. Es wird nur als Substitution des exogenen Thymidins, das nicht von der Zelle synthetisiert wird, eingebaut, so daß der Substitutionsanteil scheinbar immer kleiner als 20% ist. Die Inkorporationsrate kann aber erhöht werden, wenn die Synthese des endogenen Thymidins gehemmt oder verlangsamt wird; dies kann man durch Zugabe von FudR (5-Fluordesoxyuridin) erreichen (Bell und Wolff, 1966). Die BrdU-Inkorporation erfolgt ziemlich rasch, so d kurze Behandlungen von ca. 1 Stunde schon einen deutlichen Effekt bringen

Da die induzierte Chromosomenveränderung im allgemeinen schwach ist, ist diese Methode erst zur Anwendung gekommen, seitdem man diese Veränderung durch Verwendung von Farbstoffen verstärken konnte: durch Acridin-Orange (Dutrillaux und Mitarb., 1973), Hoechst 33258 (Latt, 197 und vor allem durch Behandlungen, denen eine Giemsafärbung folgt (Perry und Wolff, 1974; Korenberg und Freedlender, 1974).

b) *Bedingungen der BrdU-Behandlung*

Diese kann verschieden lang sein und den Teil einer S-Phase oder mehrere S-Phasen, also mehrere aufeinanderfolgende Zellzyklen, umfassen.

Die verwendete BrdU-Dosis liegt im allgemeinen für Zellkulturen bei 10 μg pro ml Endmedium. Stärkere Dosen, wie sie früher verwendet wurden, induzieren zwar eine stärkere Markierung, sind aber toxisch und verlangsamen den Zellzyklus. Schwächere Dosen können verwendet werden, sogar 1 μg/ml, induzieren aber bisweilen eine unzureichende Markierung.

Wir werden später noch sehen, wie man die Behandlungszeiten je nach gewünschter Anwendung variieren muß.

BrdU wird, bevor es der Kultur zugegeben wird, in einem physiologischen Medium aufgelöst; diese Lösung ist bei +4° C ca. eine Woche haltbar. Für eine verlängerte Kulturbehandlung wird sie durch ein 0,22 μ „Millipore"-Filter filtriert.

Der Kulturabbruch und die Gewinnung von Chromosomenpräparaten erfolgen wie bereits beschrieben (s. S. 4).

c) *Chromosomenfärbung und -differenzierung*

Giemsa: s. S. 17.

Acridin-Orange: s. S. 17. Die Färbungsdifferenzierung unter UV-Licht ist ein wichtiger Schritt. Um diese Differenzierung zu beschleunigen, kann man die zu analysierende Mitose bestrahlen, indem man alle Filter entfernt, die sich im Strahlengang befinden. Nicht durch die Okulare schauen!

Hoechst 33258: 12 bis 15 Minuten lang in einer Lösung von 0,5 μg pro ml destilliertes Wasser oder PBS färben. Der gelöste Farbstoff kann schlecht konserviert werden. Da diese Färbung schwach und unter UV-Licht unstabil ist, wird sie kaum routinemäßig, sondern nur bei besonderen Versuchen angewendet; sie bleibt aber, nach UV-Bestrahlung, wichtig als erster Schritt zur Giemsafärbung, wie im folgenden beschrieben wird (FPG-Technik = Fluorochrom plus Giemsa): nach Färbung mit Hoechst 33258 werden die Präparate über Nacht unter UV-Licht gestellt, das aus einer UV-Röhre zur Keimtötung stammt, die ca. 10 cm von den Präparaten entfernt aufgestellt wird. Die Präparate werden dann mit SSC X2 (0,3 M Natriumchlorid, 0,03 M Trinatriumzitrat) bei 60° C 2 Stunden lang behandelt und mit Giemsa gefärbt. Diese Technik, die von Perry und Wolff (1974) beschrieben wurde, ist vielfach modifiziert worden.

Die Chromosomen oder die Chromosomensegmente werden im allgemeinen um so weniger angefärbt, je mehr BrdU sie inkorporiert haben, egal, welche Färbung oder Behandlung angewendet wurde. Aus persönlichen Gründen ziehen wir die Acridin-Orange-Färbung vor und wollen deshalb die Anwendungen und Ergebnisse dieser Färbemethode beschreiben.

Anwendungen

a) *Darstellung der sehr spät replizierenden Segmente: heterochromatische Segmente*

□ Spät „Pulse" (Abb. 16). – BrdU wird während der letzten 4 Stunden der Kultur zum jeweiligen Medium gegeben. Ein erheblicher Teil der Zellen (ca. die Hälfte) zeigt eine charakteristische Verlängerung bestimmter Segmente, die dunkelrot fluoreszieren, während die restlichen Chromosomen eine leuchtend-grüne Fluoreszenz aufweisen.

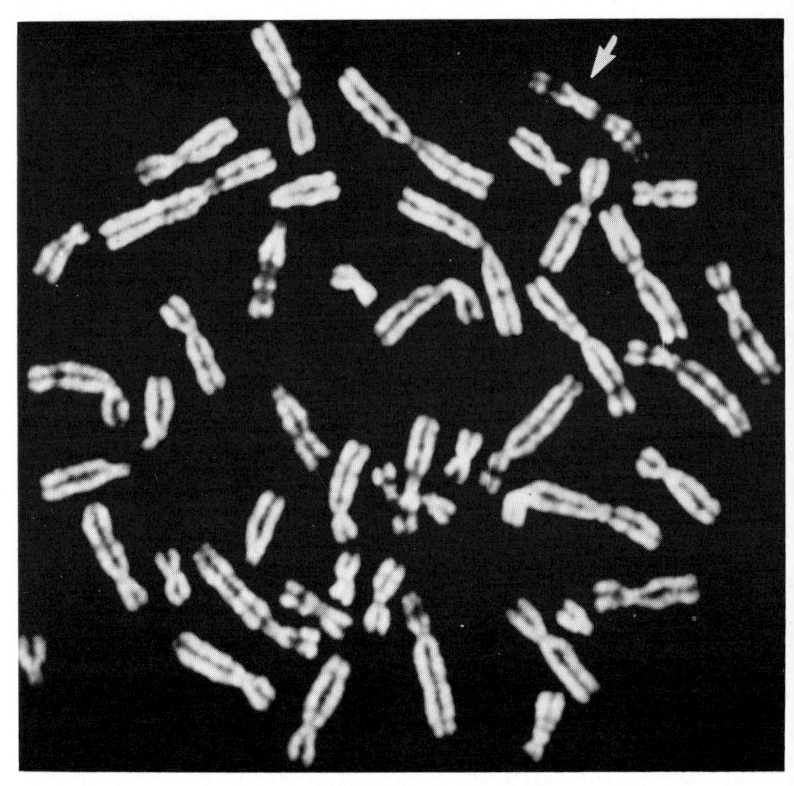

Abb. 16 Weibliche Metaphase, die BrdU erst am Ende der S-Phase inkorporiert hat (in den letzten 4 Kulturstunden). Acridin-Orange-Färbung.
Die heterochromatischen Regionen sowie die G-Banden, die am spätesten replizieren, sind dunkel. Der Pfeil zeigt das spätreplizierende X-Chromosom

□ Früh „Pulse" (Abb. 17). – Das Medium wird über Nacht, das heißt ca. 14 bis 15 Stunden lang, mit BrdU versetzt. Dann wird das Medium durch ein neues ohne BrdU ersetzt; anschließend ruhen die Zellen noch 4 Stunden.

Der Mediumwechsel erfolgt bei Blutzellkulturen nach Zentrifugation, bei Fibroblastenkulturen durch Umfüllen und Pipettieren. Bevor man das letzte Medium zugibt, sind ein bis zwei Spülgänge notwendig.

Dieses Verfahren muß so schnell wie möglich und mit Medium, dessen Temperatur bei 37° C liegt, durchgeführt werden, da jede größere Abkühlung den Zellzyklus verlangsamt.

Durch die verschiedenen Geschwindigkeiten der Zellzyklen stellen sich die Mitosen heterogen dar. Ein großer Teil der Chromosomen zeigt eine

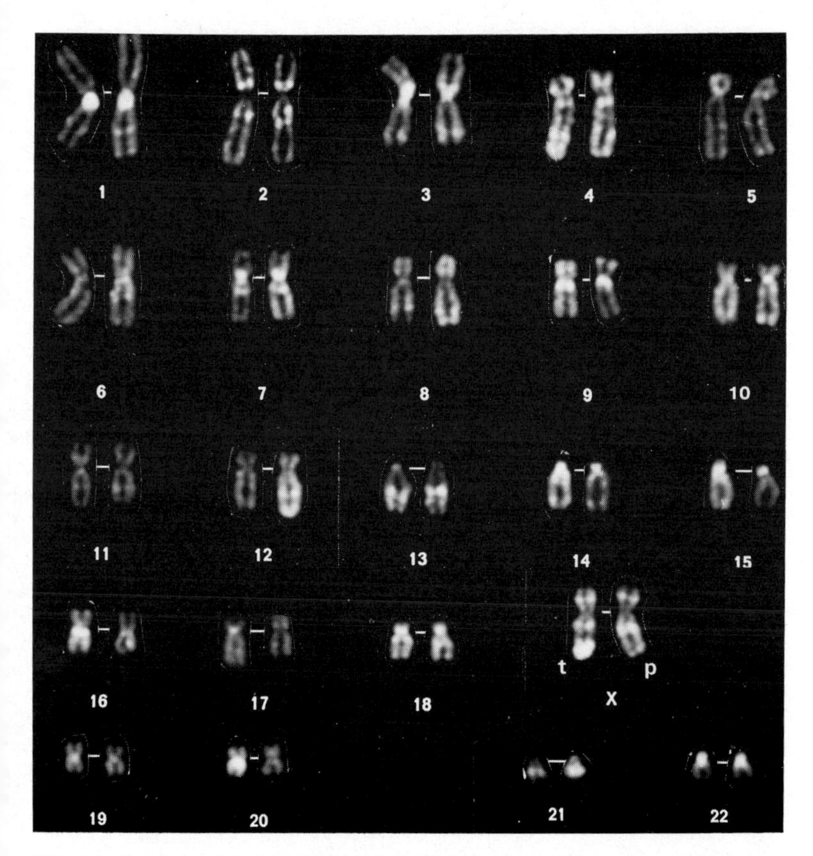

Abb. 17 Weibliche Zelle, die BrdU während der ganzen S-Phase bis auf die letzten 4 Kulturstunden inkorporiert hat. Acridin-Orange-Färbung. Nur die heterochromatischen Regionen und die G-Banden, die sich am spätesten replizieren, leuchten hell. Das spätreplizierende X-Chromosom (X_t) zeigt mehr helle Banden als das frühreplizierende (X_p)

schwach gelbe Fluoreszenz, mit Ausnahme der Segmente, in denen die DNS-Replikation nach Entfernen des BrdU-Mediums noch nicht stattgefunden hat; diese zeigen eine leuchtend grüne Fluoreszenz. Da zu Beginn der Beobachtung unter UV-Licht oft gar keine Markierung zu sehen ist, ist häufig eine starke UV-Bestrahlung notwendig, um eine gute Differenzierung zu erzielen.

b) *Differenzierung zwischen spät- und frühreplizierenden Segmenten*

□ Spät „Pulse" (Abb. 18). – Die Kulturen werden während der letzten 6–7 Stunden behandelt. Alle Segmente, die den G-Banden und dem

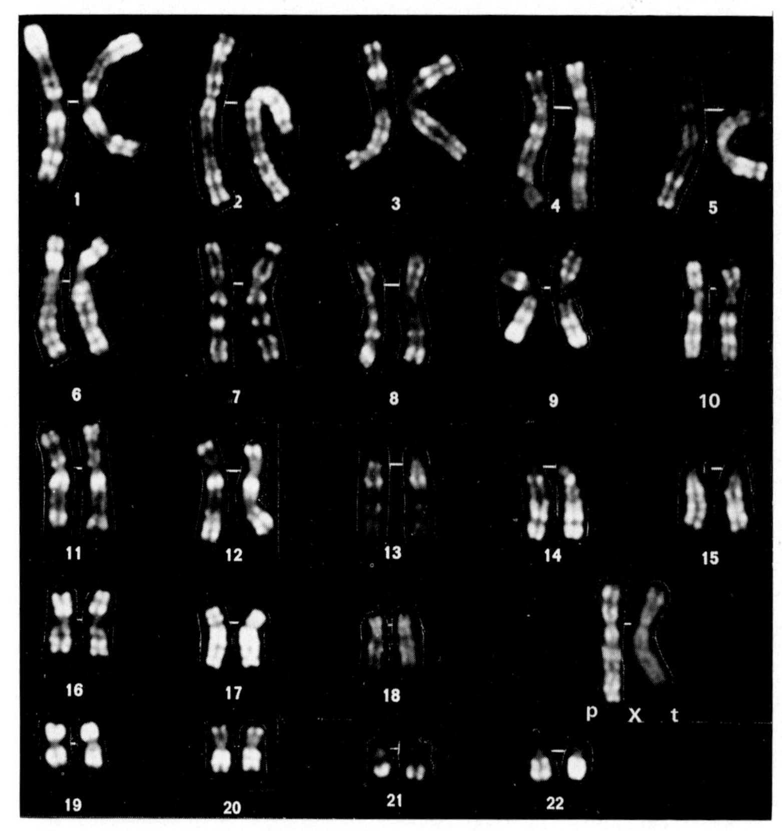

Abb. 18 Weibliche Zelle, die BrdU während der letzten 7 Kulturstunden inkorporiert hat. Acridin-Orange-Färbung.
Die G-Banden und das spätreplizierende X-Chromosom (X_t) sind dunkel, die R-Banden der Autosomen und des frühreplizierenden X-Chromosoms (X_p) hell

Heterochromatin entsprechen, haben sich in Anwesenheit von BrdU repliziert und zeigen eine dunkelrote Fluoreszenz, die R-Banden bleiben glänzend grün. Es handelt sich um eine R-Markierung, die hier zum Vorschein kommt.

In den weiblichen Zellen ist die Unterscheidung der beiden X-Chromosomen sehr leicht; das eine hat einen späten Replikationszeitpunkt und zeigt fast ausschließlich eine schwach rötliche Fluoreszenz, das andere hat einen frühen und verhält sich wie ein Autosom.

□ Früh „Pulse" (Abb. 19). – Die Kulturen werden 10 Stunden lang mit BrdU behandelt, gespült und in normalem Medium während der letzten 7 Stunden inkubiert.

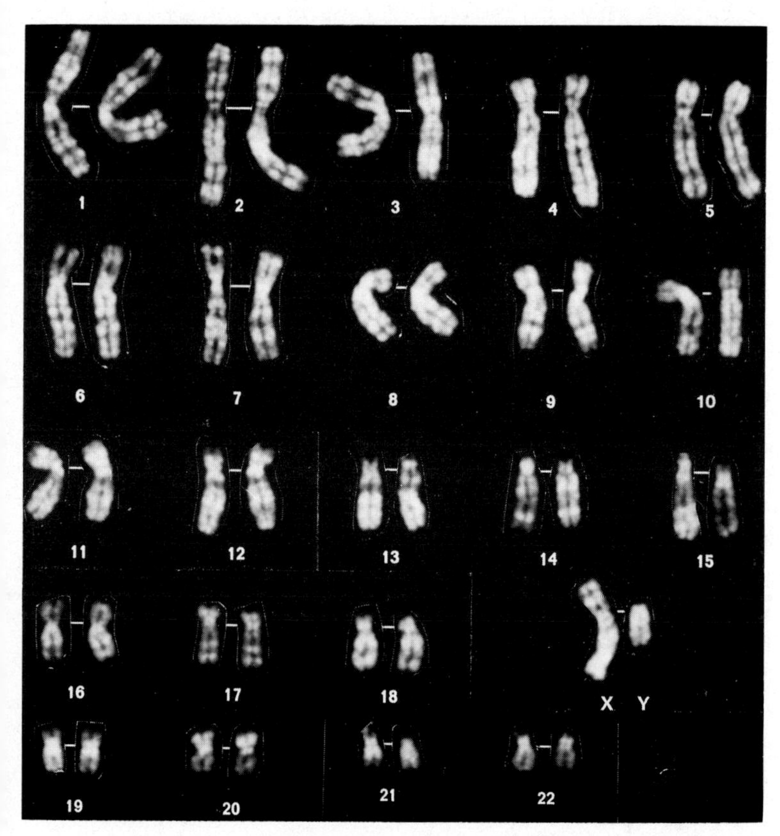

Abb. 19 Zelle, die nur während der ersten Hälfte der S-Phase BrdU inkorporiert hat; die zweite Hälfte (die letzten 7 Kulturstunden) hat in normalem Milieu stattgefunden. Acridin-Orange-Färbung. Die G-Banden und die heterochromatischen Regionen leuchten, die R-Banden sind dunkel

Die daraus resultierende Markierung zeigt eine Umkehrung der vorherigen; die spätreplizierenden Segmente erscheinen hier leuchtend grün.

□ Analyse der Replikationszeiten der Banden. – Zwischen den R-Banden, die ihre DNS-Replikation während der frühen S-Phase durchführen, und den G-Banden, bei denen die Replikation während der späten S-Phase stattfindet, existieren chronologische Unterschiede.

Es genügen also mittlere Behandlungszeiten von 3 bis 7 Stunden vor Kulturende, um die G-Banden untereinander, und 7 bis 12 Stunden, um die R-Banden untereinander differenzieren zu können.

Dies erlaubt die Erstellung einer Replikationssequenzkarte, die eine Ergänzung zur Identifikation der Chromosomenstruktur darstellt (Abb. 20) (Dutrillaux und Mitarb., 1976).

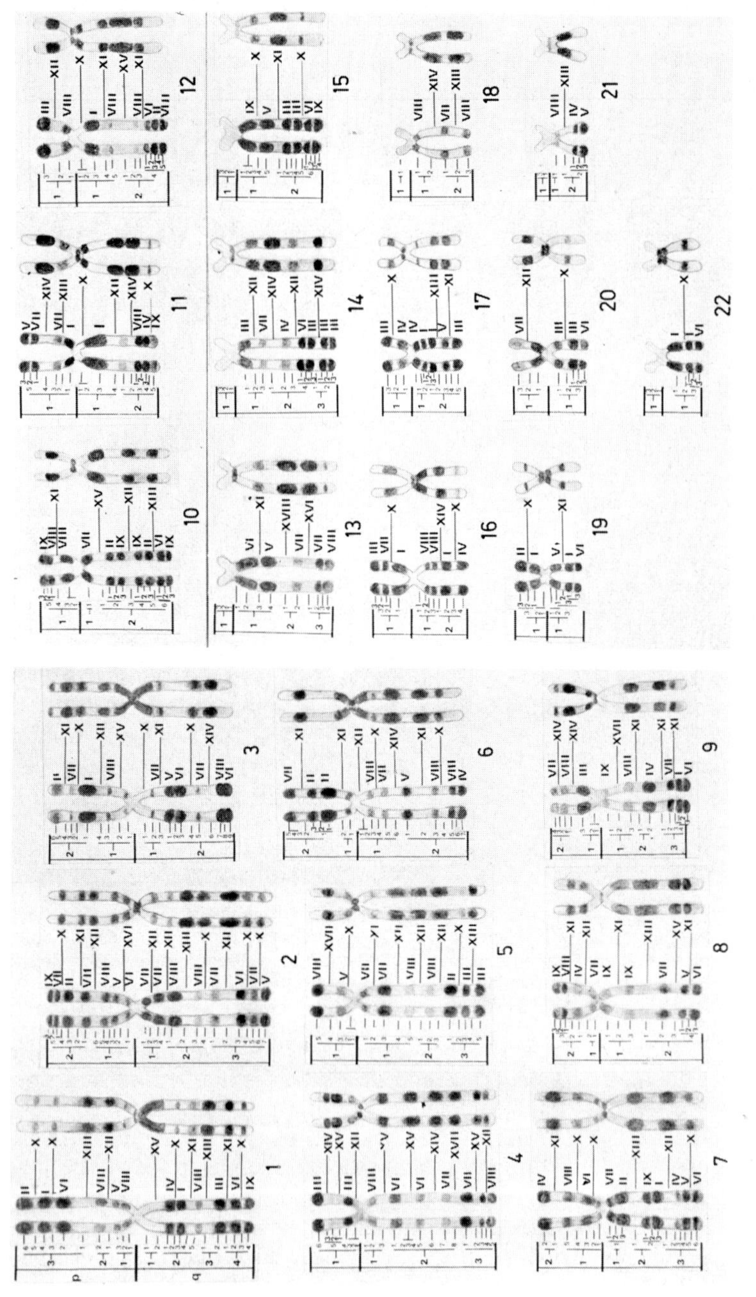

Abb. 20 Karte der Chronologie des Replikationsablaufes der autosomalen Banden. 18 Replikationsgruppen sind definiert worden (römische Zahlen), Gruppe I ist die früheste, Gruppe XVIII die späteste. Die R-Banden (li.) mit ihrer frühen Replikation gehören zu den Gruppen I bis IX, die G-Banden (re.) mit ihrer späten Replikation zu den Gruppen IX bis XVIII

c) *BrdU-Behandlung während zwei aufeinanderfolgender Zyklen*
Die BrdU-Inkorporation während zwei aufeinanderfolgender Zyklen führt zu einer ungleichen Verteilung von BrdU auf den Schwesterchromatiden. Aufgrund der semi-konservativen DNS-Replikation wird jedes Chromatid nach einem vollständigen BrdU-Inkorporationszyklus aus einem DNS-Molekül mit nur einem substituierten Strang bestehen. Nach einem weiteren Inkorporationszyklus wird nur noch einer von vier Strängen nicht substituiert sein. Auf Chromosomenebene bedeutet dies, daß ein Chromatid eine bi-substituierte DNS und das andere nur auf einem Strang BrdU besitzen wird.

Eine 30stündige BrdU-Behandlung mit einer Dosis zwischen 1 und 10 µg pro ml ergibt dieselbe Differenzierung wie bei kürzeren Behandlungen unter den gleichen Bedingungen (Latt, 1973; Dutrillaux u. Mitarb., 1974).

□ Anwendungen. – Der Unterschied zwischen den beiden Schwesterchromatiden (Abb. 21) wird durch den erfolgten Austausch untereinander deutlich (Austausch zwischen Schwesterchromatiden = „sister chromatid exchanges“ = SCE). Man weiß noch nicht mit Sicherheit, wie hoch der spontane Prozentsatz an SCE pro Zellteilung ist, denn BrdU läßt die SCE dadurch erkennen, daß es diese induziert, wobei die mittlere Anzahl der Austausche der verwendeten Dosis proportional ist. Andererseits hängt der Inkorporationsgrad aber auch von der Zusammensetzung des verwendeten Kulturmediums ab. Es ist also schwierig, einen absoluten Wert für die SCE-Anzahl zu geben. Mit einer BrdU-Dosis von 10 µg pro ml eines TC 199 + 20% Serum-Mediums zählt man im Durchschnitt ungefähr 8 SCE pro Zelle, das heißt, daß etwa 4 SCE pro Zyklus stattgefunden haben. Eine geringere Anzahl kann erreicht werden, wenn man die BrdU-Dosis erniedrigt. Es scheint aber nicht möglich zu sein, weniger als 2–3 SCE pro Zelle zu erreichen. Das Vorkommen von SCE scheint mit dem Reparaturprozeß der DNS zusammenzuhängen. Ihre Analyse ist zu einer der gebräuchlichsten Methoden geworden, um die Wirkung von Mutagenen zu prüfen (Perry und Evans, 1975; Latt und Mitarb., 1975).

□ Technik. – *In vitro* genügt eine Zugabe von 10 µg BrdU pro ml Medium für ca. 30 Stunden. Die Färbungen sind die gleichen wie bei den kürzeren Behandlungen. Bei Tieren können *in vivo*-Behandlungen durchgeführt werden; es gibt auch Implantate, die man in das subkutane Gewebe einpflanzen kann.

Ebenso kann man eine Perfusion durchführen und die BrdU-Lösung in der gewünschten Dosis, abhängig vom Gewicht des Tieres, injizieren. Bei kleinen Tieren oder bei Tieren, die im Wasser leben, kann man BrdU auch durch direkte Einnahme per os applizieren.

Was die Perfusion, die genau dosiert werden kann, betrifft, muß man wissen, daß diese Behandlung bei lebenden Tieren Schwankungen der BrdU-Dosis unterworfen ist und man deshalb die SCE-Anzahl mit größter Vorsicht interpretieren muß.

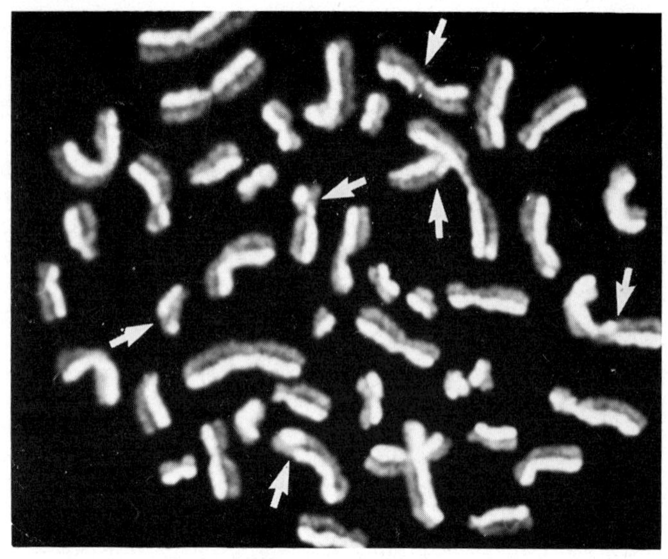

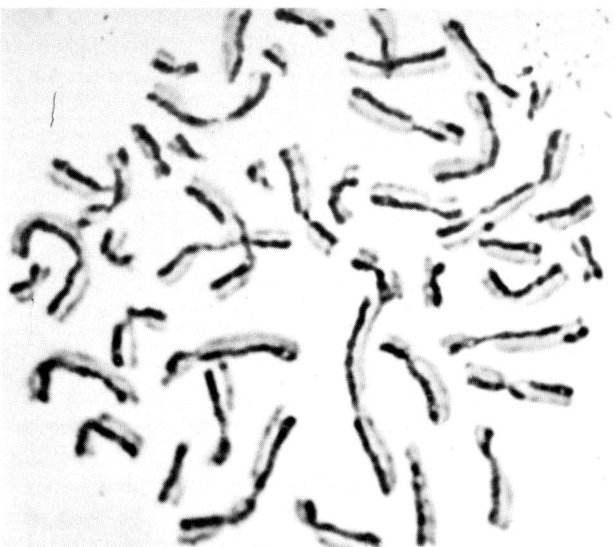

Abb. 21 Eine Zelle, die BrdU während der letzten beiden DNS-Synthesezyklen inkorporiert hat (in den letzten 36 Kulturstunden). Oben, Acridin-Orange-Färbung. Die hellen Chromatiden haben BrdU nur in einem Strang der DNS-Kette, die dunklen auf beiden Strängen inkorporiert. Die Pfeile zeigen die Austausche zwischen zwei Schwesterchromatiden. Unten, FPG-Technik

Außerdem ist zu berücksichtigen, daß die Inkorporation auf bestimmten Chromatidsegmenten nicht stattfinden wird, falls die Behandlung sich zeitlich nicht vollständig mit den beiden S-Phasen deckt. Wenn die Inkorporation erst in der Mitte der ersten S-Phase beginnt, so werden die schon replizierten R-Banden BrdU erst während des zweiten Zyklus inkorporieren. Daraus ergibt sich ein R-Markierungstyp, der vor allem auf dem stärker gefärbten Chromatid sichtbar wird.

Damit kann man die Chromosomen bei der SCE-Analyse wiedererkennen. Die SCE-Anzahl wird aber um so kleiner, je geringer die BrdU-Inkorporation war.

Nur bei Blutzellkulturen hat man diese Schwierigkeiten nicht, da hier BrdU bereits zu Beginn der Kultur zugesetzt wird. Kulturen von 60–72 Stunden zeigen eine große Anzahl von Zellen, die zwei Zyklen unter BrdU-Einwirkung durchlaufen haben. Die Anwesenheit von BrdU scheint die Lymphozytentransformation in der Kultur nicht zu stören.

d) *BrdU-Behandlung während mehr als zwei Zyklen*

Die BrdU-Behandlung kann über mehrere Zyklen fortgesetzt werden, so daß die Anzahl der DNS-Stränge, die dann noch kein BrdU inkorporiert haben, sehr gering wird.

Nach 3 Inkorporationszyklen sind, statistisch gesehen, 3/4 der Chromatiden bi-substituiert (Abb. 22), nach 4 Zyklen sind dies 7/8.

Abgesehen vom theoretischen Interesse, das die semi-konservative Art der DNS-Replikation bestätigt und zeigt, daß ein Überleben der Zellen möglich ist, haben diese verlängerten BrdU-Behandlungen keine praktische Anwendung gefunden.

e) *Markierung der asymmetrischen Chromosomen*

Um die Lage der Chromatidaustausche analysieren zu können, ist es von Nutzen, eine Chromatidmarkierung zu induzieren. Es gibt mehrere Möglichkeiten: eine Quinacrin-Mustard-Färbung (Latt und Mitarb., 1975), eine thermische Behandlung, um R-Banden zu erhalten (Dutrillaux und Mitarb., 1974), oder eine 20stündige SSC X2-Behandlung bei 58° C mit anschließender Giemsafärbung zur Darstellung von G-Banden (Fonatsch, 1979).

Außerdem besteht noch die Möglichkeit, die BrdU-Behandlungszeiten zu variieren, so daß man eine Markierung erhält, die mit einer unvollkommenen Inkorporation zusammenhängt; dies geschieht entweder während der vorletzten S-Phase, wie wir bereits besprochen haben, oder während der letzten S-Phase. Bei der letztgenannten Möglichkeit genügt es, das Kulturmedium 7 Stunden vor Kulturende durch ein normales Medium ohne BrdU zu ersetzen. Die Chromosomen zeigen dann einen G-Bandenmarkierungstyp mit einer starken Färbung des Heterochromatins, eine Differenzierung des spät- und frühreplizierenden X-Chromosoms und eine Lokalisation der Chromatidaustausche (Dutrillaux, 1975b).

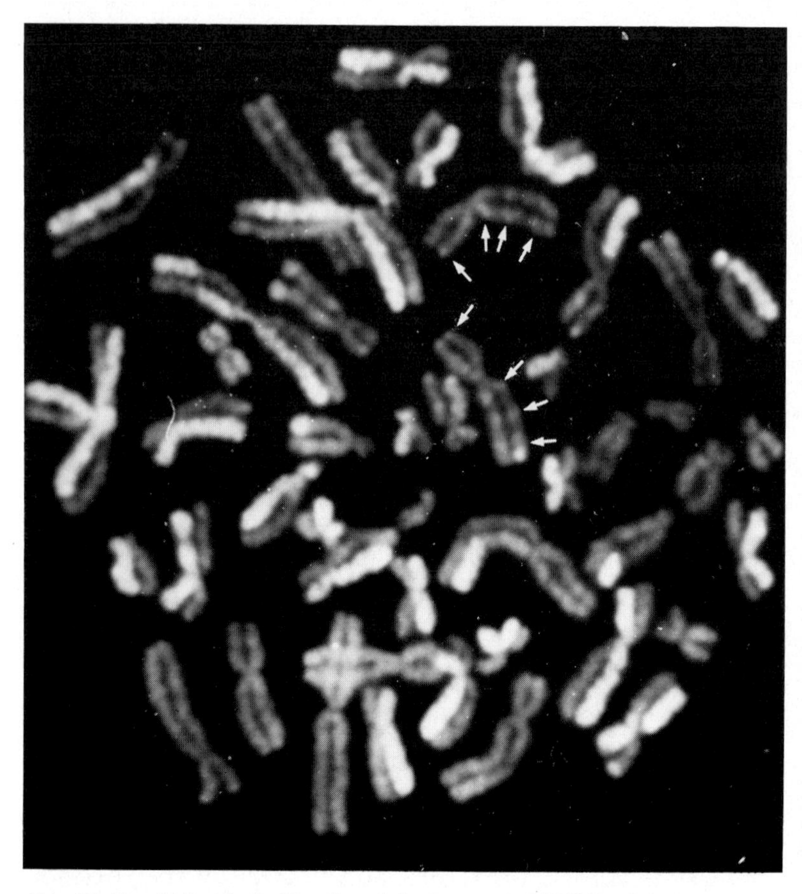

Abb. 22 Eine Zelle, die BrdU während der letzten drei DNS-Synthesezyklen inkorporiert hat. Acridin-Orange-Färbung.
Nur ein Viertel der Chromatidenlänge leuchtet. Es gibt nicht-reziproke Austausche und Chromosomen, die vollkommen dunkel sind. Beachte, daß eine leichte R-Markierung auf sonst vollkommen dunklen Chromosomen anhält (Pfeile an den beiden Chromosomen 7).

f) *Unterscheidung der Chromosomensegmente in Abhängigkeit von ihrem A-T- oder G-C-Basengehalt*

Als Thymidinanalog kann BrdU proportional zum Thymidingehalt eines bestimmten Chromosoms inkorporiert werden.

□ Asymmetrie des menschlichen Y-Chromosoms und einiger anderer, heterochromatischer Segmente. – Beim Menschen induziert eine BrdU-Inkorporation während der späten S-Phase eine asymmetrische Darstellung des Y-Chromosoms, der Kurzarmregionen der akrozentrischen Chromosomen sowie der sekundären Konstriktionen der Chromosomen 1 und 16.

Diese Asymmetrie, die zuerst beim Y-Chromosom entdeckt wurde, wird als Folge einer ungleichmäßigen Verteilung von Thymin und Adenin auf dem einen oder anderen DNS-Molekülstrang interpretiert (Latt und Mitarb., 1974).

Dieselbe asymmetrische Anordnung wurde ungefähr zur gleichen Zeit bei Mäusen in allen perizentrischen Regionen gefunden (Lin und Mitarb., 1974).

Durch Verwendung verschiedener Farbstoffe, wie z.B. Hoechst 33258, Giemsa (Angel und Jacobs, 1975), oder Acridin-Orange, sind diese Asymmetrien leicht darzustellen.

□ Darstellung des G-C-reichen Heterochromatins. – Eine BrdU-Behandlung während einer vollständigen S-Phase zeigt bei manchen Spezies deutlich eine relativ schwache Inkorporation in bestimmten Segmenten. Bei *Cebus capucinus,* zum Beispiel, sind die langen, R-positiven Heterochromatinsegmente weniger verändert als das Euchromatin (Abb. 23).

Diese Segmente besitzen eine G-C-reiche Satelliten-DNS (Couturier und Mitarb., 1981). Auch bei anderen Spezies sind diese G-C-reichen heterochromatischen Segmente gefunden worden.

□ Technik. – Man fügt 10 μg BrdU pro ml während der letzten 15–18 Kulturstunden zu und färbt mit Acridin-Orange; wichtig ist anschließend eine gute Differenzierung durch UV-Bestrahlung.

□ Differenzierung der euchromatischen Segmente. – Unter normalen Bedingungen ist die Längsfärbung der Chromatiden nach BrdU-Inkorporation während einer oder mehrerer vollständiger S-Phasen beinahe homogen. Man kann dies als homogene Verteilung der A-T- und G-C-Basen oder als Verteilungsunterschiede interpretieren, die zu gering sind, um entdeckt zu werden.

Bei Verwendung einer schwächeren BrdU-Dosis, etwa 5 μg pro ml, während einer, zwei oder drei S-Phasen und anschließender Acridin-Orange-Färbung erhält man einen einfachen R-Markierungstyp (Abb. 22).

Unter diesen Grenzbedingungen scheint es eine größere Inkorporation im Bereich der Q-Banden zu geben. Man kann dies damit erklären, daß im Bereich der R-Banden größere Mengen an G-C lokalisiert sind, kann aber nicht ausschließen, daß die Markierung sich aus dem Vorhandensein eines intrazellulären Thymidinvorrates ergibt, der zu Beginn der Replikation im Bereich der R-Banden inkorporiert wurde und sich zum Ende hin dann schnell erschöpft.

Behandlung mit Actinomycin D

Actinomycin D ist ein Antibiotikum, das sich spezifisch an G-C-Basen bindet, indem es sich zwischen diese einfügt (Sobell und Jain, 1972). In

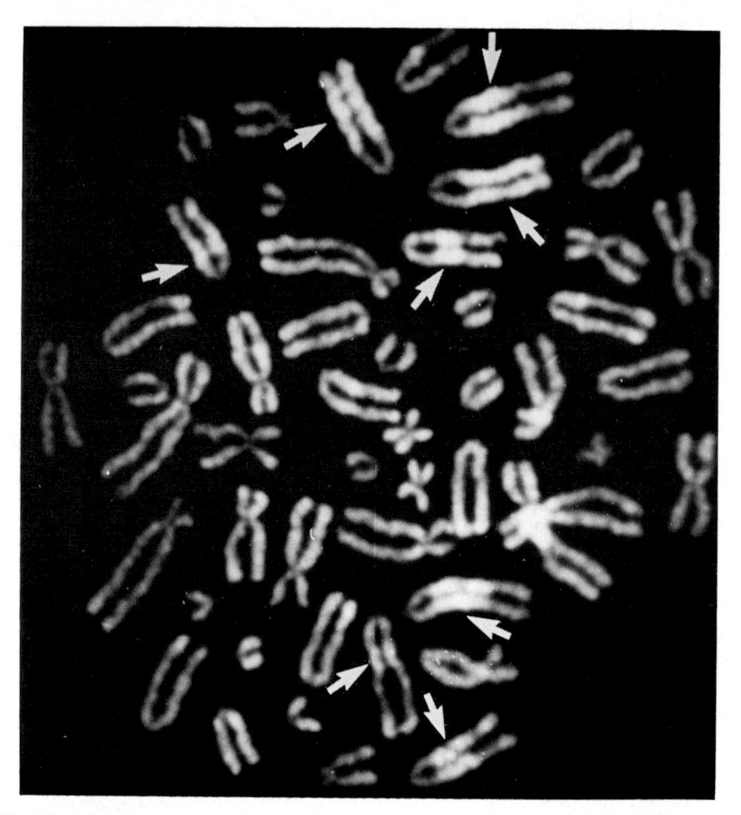

Abb. 23 Metaphase von *Cebus capucinus,* die BrdU während der gesamten letzten DNS-Synthesephase inkorporiert hat (in den letzten 20 Kulturstunden). Acridin-Orange-Färbung.
Die Chromosomen sind über ihre ganze Länge dunkel, ausgenommen bestimmte Segmente, die noch relativ fluoreszierend bleiben. Es handelt sich um heterochromatische Regionen, die besonders reich an G-C-Sequenzen sind und deshalb weniger BrdU inkorporieren.

hoher Dosis blockiert es die Zellkultur, in niedriger Dosis ändert es einfach nur die Chromatidstruktur durch eine Verzögerung oder Verhinderung der R-Bandenkondensation (Shafer, 1973; Viegas-Péquignot und Durtrillaux, 1976 b).

□ Technik. – Actinomycin D wird in einer Konzentration von 0,05 bis 1 μg pro ml während der letzten 2 bis 6 Kulturstunden zugegeben. Die weitere Technik entspricht der Grundmethode.

Nach Giemsafärbung zeigen die Chromosomen, die im R-Bandenbereich gering kondensiert sind, eine G-Markierung, die aber meistens unvollständig ist, da nicht alle R-Banden erreicht wurden.

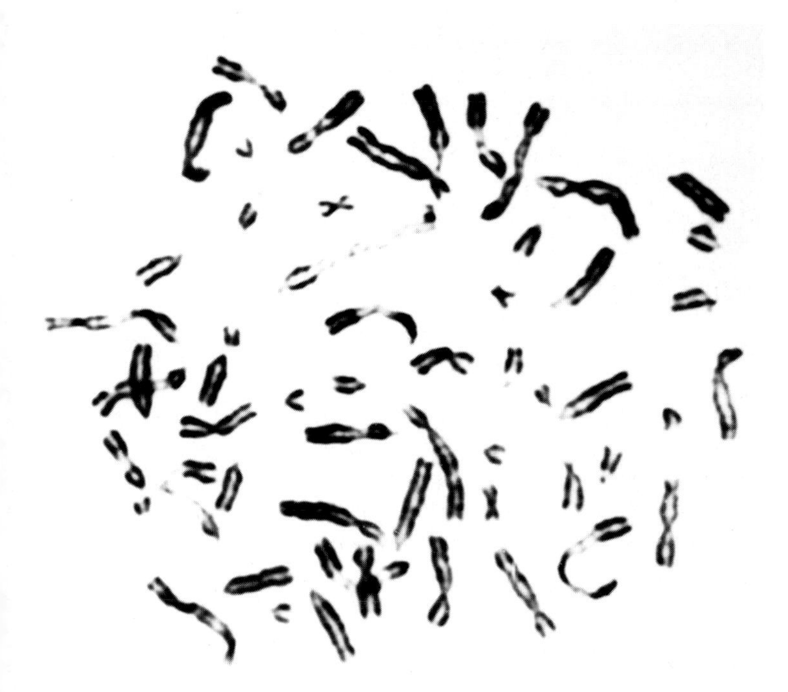

Abb. 24 Metaphase von *Cebus capucinus,* bei der eine 5-Azacytidin-Behandlung mit sehr niedriger Dosis während der letzten 7 Kulturstunden durchgeführt wurde, um die Kondensation des G-C-reichen Heterochromatins zu vermeiden. Giemsa-Färbung

Eine Behandlung mit Actinomycin D stellt also keine gute Markierungsmethode dar, sie ist aber von Interesse für die Untersuchung des G-C-Basengehaltes und der Chromatidkondensation.

Behandlung mit 5-Azacytidin

5-Azacytidin (5-ACR) ist ein Cytidinanalog. Erstmals experimentell bei Pflanzen angewendet (Fucik und Mitarb., 1970), zeigte es sich dann bei Säugerchromosomen in der Lage, deren Struktur zu verändern (Viegas-Péquignot und Dutrillaux, 1976a).

□ Technik:

– Methode zur Gewinnung von R-Banden: 5-ACR wird mit einer Endkonzentration von 5 x 10^{-5} bis 10^{-4} M während der letzten 5–7 Kulturstunden zugesetzt. Der daraus resultierende Kondensationsmangel der G-Banden induziert eine fast typische R-Markierung.

Dabei kann man oft eine Verbindung akrozentrischer Chromosomen und der Telomere nicht akrozentrischer Chromosomen bemerken. Leider ändert das 5-ACR, ebenso wie das Actinomycin D, die Chromosomenfärbung nicht, weder die durch Giemsa noch durch andere getestete Fluorochrome; deshalb bleibt es eine Markierungsmethode von begrenztem Interesse für die Praxis. Unter den vorher erwähnten Bedingungen wirkt 5-ACR durch Cytidinsubstitution, charakterisiert aber damit nur die spätreplizierenden Segmente, die es unabhängig von ihrem Gehalt an A-T- oder G-C-Basen inkorporieren.

– Darstellung des G-C-reichen Heterochromatins (Abb. 24): In niedriger Dosis (10^{-5} bis 10^{-6} M) ändert 5-ACR weder die Chromosomenkondensation menschlicher Zellen noch die vieler anderer Säugetierspezies. Dagegen wird bei Arten wie z.B. Cebus capucinus, die G-C-reiches Heterochromatin besitzen, eine starke Verlängerung der entsprechenden Regionen bemerkt (Viegas-Péquignot und Dutrillaux, 1981). Es scheint aber eine hohe Spezifität zu geben, was die Methode für diese Anwendung sehr nützlich macht. Trotzdem ist 5-ACR schwierig anzuwenden, weil es schnell metabolisiert wird und seine Inkorporation ohne Zweifel von vielen Parametern abhängt.

3 Gewinnung und Markierung von Pro- oder Prometaphase-Zellen

Mit Hilfe der Chromosomenmarkierung, deren wichtigste Methoden wir beschrieben haben, kann man Strukturen darstellen, vor allem R- oder G-Banden; ihre Anzahl ist ziemlich proportional der Chromatidlänge. So ist es möglich, in der Metaphase auf kondensierten Chromosomen ca. 300 Banden pro haploidem Teil zu erkennen.

Wenn man Mitosen auswählt, deren Chromosomen sehr lang sind, kann man sogar 400 bis 600 Banden zählen (Prieur und Mitarb., 1973; Skovby, 1975). In dieser Hinsicht ist die Verwendung eines aus verdünntem Serum bestehenden Mediums zur Durchführung der hypotonen Behandlung ein wichtiges Element, um lange Chromosomen zu gewinnen. Trotzdem bleibt unsicher, ob man auch Zellen in der Prophase erhält; deshalb greift man jetzt zu Synchronisationsmethoden, die zum gewünschten Ziel führen.

Zahlreiche Reagenzien sind geeignet, den Zellzyklus in einer bestimmten Phase reversibel zu blockieren, so z.B. Fluordesoxyuridin (FudR), Amethopterin oder Methotrexat, Thymidin und 5-Bromdesoxyuridin (BrdU), wovon nur die drei letzten bisher wirkungsvoll angewendet wurden.

Synchronisation mit Thymidin

Thymidin blockiert den Zellzyklus während der S-Phase durch Syntheseinhibition des 2'-Desoxycytidins (Xeros, 1962), wenn es im Überschuß zum Kulturmedium gegeben wird. Aus Experimenten mit einer Doppelbehandlung mit Thymidin und BrdU weiß man, daß die Blockade vorwiegend in der Mitte der S-Phase stattfindet, d.h. nach DNS-Replikation der R-Banden und noch vor der der G-Banden (Dutrillaux, 1975b; Viegas-Péquignot und Dutrillaux, 1978).

Das bedeutet, daß man 5 bis 7 Stunden nach Aufhebung der Blokkade ernten muß, um ein Maximum an Zellen in Prophase oder Prometaphase zu gewinnen.

□ Technik

– Blutzellkultur (Viegas-Péquignot und Dutrillaux, 1978). – Obwohl man Thymidin gleich zu Beginn zusetzen kann, bevorzugt man eine Zugabe nach 48 bis 72 Kulturstunden in einer Endkonzentration von 0,3 mg pro ml Medium. Die Kulturen werden so 15 Stunden lang inkubiert (über Nacht). Dann wird das thymidinhaltige Medium durch

Zentrifugation und Pipettieren entfernt und durch ein Spülmedium ersetzt, das aus einer physiologischen Salzlösung (z.B. PBS) besteht. Die Zellen werden durch Pipettieren wieder in Suspension gebracht; nach erneuter Zentrifugation wird das Spülmedium entfernt. Man wiederholt diese Spülung und gibt dann während der letzten 5–7 Kulturstunden ein Vollmedium (TC 199 + Serum) hinzu.

Um die Spülungen zu vermeiden, kann man auch einfach 2'-Desoxycytidin in einer Dosis von 0,5 mg pro ml zugeben und die Kultur sich 5 bis 7 Stunden länger entwickeln lassen (Viegas-Péquignot, 1981).

Die restliche Technik gleicht der oben beschriebenen; es ist aber dennoch wünschenswert, die Fixierungen öfter zu wiederholen (4- bis 6mal), um eine gleichmäßigere Verteilung zu erhalten.

– Fibroblastenkultur. – Im allgemeinen ist es schwieriger, eine gute Synchronisation bei Fibroblastenkulturen zu erreichen.

Hierbei wird Thymidin 8 Stunden nach der Teilung in einer Endkonzentration von 1 mg pro ml zugegeben; das weitere Vorgehen entspricht dem bei Lymphozyten. Je nach Kulturqualität kann der Zellzyklus leicht variieren und es kann sein, daß man mehrere Proben machen muß, um die Zeiten richtig einstellen zu können.

Synchronisation mit Amethopterin

Amethopterin wird nach 72 Stunden den Blutzellkulturen in einer Endkonzentration von 10^{-7} M zugegeben (Yunis, 1976). Nach einer Inkubation über Nacht (ca. 15 Stunden) wird das Medium nach Spülungen, wie beim Thymidin beschrieben, für 5–7 Stunden durch normales Medium ersetzt.

Markierung von Zellen in Pro- oder Prometaphase

Die Prophasen und Prometaphasen, die man durch die Synchronisationsmethoden erhält, werden dann zur Markierung behandelt wie gewöhnliche Mitosen, nur die R-Banden verlangen eine etwas kürzere thermische Behandlung als bei den Metaphasen.

□ Varianten zur G-Bandengewinnung.

Yunis und Mitarb. (1978) erhielten ohne Vorbehandlung G-Banden durch einfaches Färben der Präparate mit dem Farbstoff von Wright. Dieser wird folgendermaßen vorbereitet: 1 Volumen der Stammlösung (0,25% in Methanol) wird in drei Volumina 0,06 M Phosphatpuffer, pH 6,8, verdünnt. Damit werden die Objektträger 3 bis 3 1/2 Minuten gefärbt.

Francke und Oliver (1978) haben eine Vorbehandlung der Präparate durch Erwärmung und Proteolyse empfohlen. Die Objektträger werden

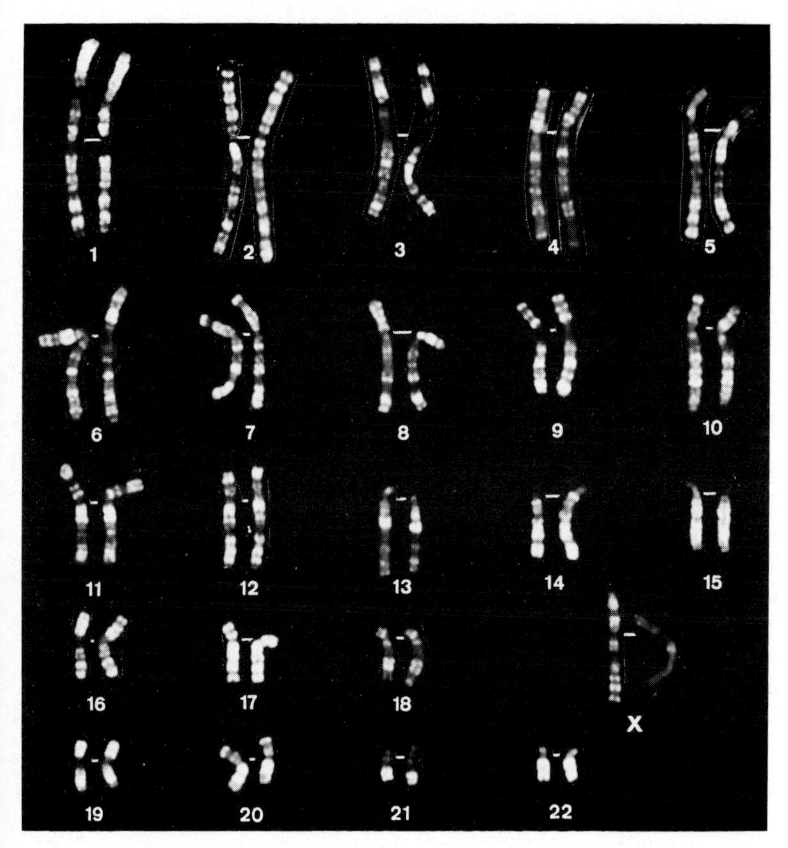

Abb. 25 Prometaphase mit R-Banden, die nach Synchronisation mit Thymidin und BrdU-Inkorporation während der letzten 7 Stunden gewonnen wurden. Acridin-Orange-Färbung. Rechts das spätreplizierende X-Chromosom

3 Tage lang auf 55° C, eine Nacht lang auf 65° C oder 10 bis 20 Minuten lang auf 90° C erhitzt. Nach dem Abkühlen werden sie mit einer 0,05%-igen Lösung von Trypsin in isotonischem Natriumchlorid 15 bis 60 Sekunden lang behandelt. Im Anschluß daran werden sie zügig zweimal in Natriumchlorid oder 95%igem Alkohol gespült, getrocknet und dann 90 Sekunden bis 2 Minuten lang mit dem Farbstoff von Wright oder mit Giemsa gefärbt.

Synchronisation mit Thymidin und Inkorporation von BrdU

Im Vergleich zu der beschriebenen Synchronisationsmethode mit Thymidin genügt bei BrdU die Zugabe in einer Dosis von 10 μg pro ml Endmedium noch in den letzten 6–7 Stunden (Viegas-Péquignot und Dutrillaux, 1978). Damit erhält man nach Färbung mit Acridin-Orange (s. S. 17) oder FPG (s. S. 41) eine ausgezeichnete R-Bandenmarkierung (Abb. 25).

Bei dieser Technik ist es nicht möglich, die Spülungen durch Zugabe von 2'-Desoxycytidin zu ersetzen.

Außer den beiden genannten Färbungen gibt es noch die Möglichkeit, die nach Acridin-Orange-Färbung beobachteten Zellen mit Giemsa anzufärben. Dazu benötigt man vor der Giemsafärbung eine kurze, thermische Behandlung bei 87° C in einer Earle's Lösung, pH 6,5 (Dutrillaux und Mitarb., 1980). Diese Behandlung liefert endgültige Präparate und verbessert die Markierung mancher Mitose.

Synchronisation mit BrdU

5-Bromdesoxyuridin induziert in hoher Dosis in der Mitte der S-Phase die gleiche Blockade wie Thymidin oder Methotrexat. Durch diese Eigenschaft und die Chromatidveränderung nach der Inkorporation auf den R-Banden, die sich noch vor der Blockade repliziert haben, erhält man nach Acridin-Orange-Färbung eine sehr gute G-Markierung der Prophasen und Prometaphasen (Dutrillaux und Viegas-Péquignot, 1981).

□ Prinzip. – Man gibt für eine Nacht (ca. 15 Stunden) BrdU in einer hohen Konzentration zu. Nach einer Spülung werden die Zellen wieder in normales Medium überführt.

□ Ergebnisse. – Die Abb. 26 zeigt eine Mitose in der Prometaphase mit G-Bandenmarkierung nach FPG-Färbung. Dieser Mitosetyp überwiegt; es scheint auch andere Blockadezeitpunkte innerhalb des Zellzyklus zu geben, da ein kleiner Teil der Mitosen eine andere Markierung zeigt. So kann man eine typische R-Markierung beobachten, wie die Abb. 27 zeigt. Dies ist wahrscheinlich auf eine Blockade von Zellen am Ende der S-Phase zurückzuführen, die sich in der Mitte der S-Phase befanden, als die Behandlung mit BrdU begann. Weiterhin kann man auch eine Markierung des Heterochromatins und der sehr spät replizierenden G-Banden entdecken. Sie ist der durch eine BrdU-Behandlung während der letzten 3–4 Stunden induzierten ähnlich (s. S. 41). Schließlich gibt es noch eine kleine Anzahl von Mitosen, die eine Chromatidenasymmetrie in Verbindung mit einer G-Markierung zeigen.

Diese Synchronisationsmethode mit BrdU läßt also in dem gleichen Präparat sowohl eine ausgezeichnete G- und R-Markierung als auch verschiedene andere Kriterien erkennen. Da sie sehr wahrscheinlich für die zukünftige Zytogenetik eine wichtige Rolle spielen wird, werden wir sie in allen Einzelheiten darstellen, auch wenn dies einige Wiederholungen zur Folge hat.

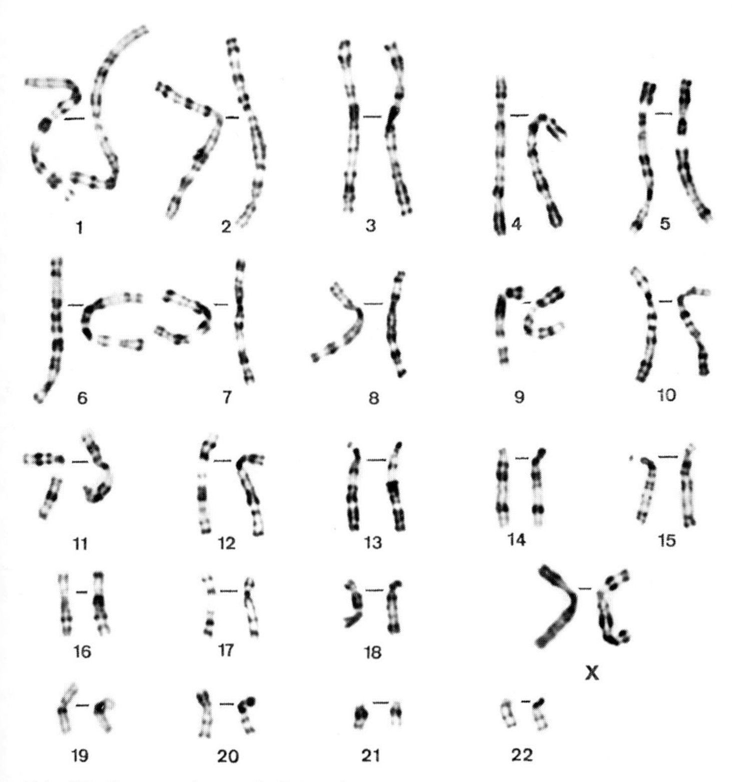

Abb. 26 Prometaphase mit G-Banden, die nach Synchronisation mit BrdU und Kultur mit Thymidin während der letzten 7 Stunden gewonnen wurden. Giemsa-Färbung (FPG). Links das spätreplizierende X-Chromosom

□ Die Technik im einzelnen. – 48 bis 72 Stunden nach Anlegen einer Blutzellkultur wird BrdU in einer Endkonzentration von 0,2 mg pro ml zugegeben und eine Nacht lang inkubiert (ca. 15 Stunden). Dann wird zentrifugiert, der Überstand entfernt, Spülmedium hinzugegeben (z.B. PBS bei 37° C), wieder in Suspension gebracht und eine weitere Spülung durchgeführt. Anschließend wird in ein Vollmedium (TC 199 + Serum), das mit Thymidin (3 μg pro ml) angereichert ist, überführt und 5–7 Stunden lang inkubiert. Nach 5 Stunden erhält man mehr Prophasen, nach 7 Stunden mehr Mitosen in unterschiedlichen Stadien.

Die hypotone Behandlung (1 Vol. Serum, 5 Vol. Wasser) wird 20 Minuten lang durchgeführt. Nach einer ersten 10- bis 15minütigen Fixierung mit Carnoy (Chloroform) (s. S. 5) folgen noch 3 oder 4 Fixierungen hintereinander mit Alkohol-Essigsäure (s. S. 5) von jeweils 10 Minuten Dauer.

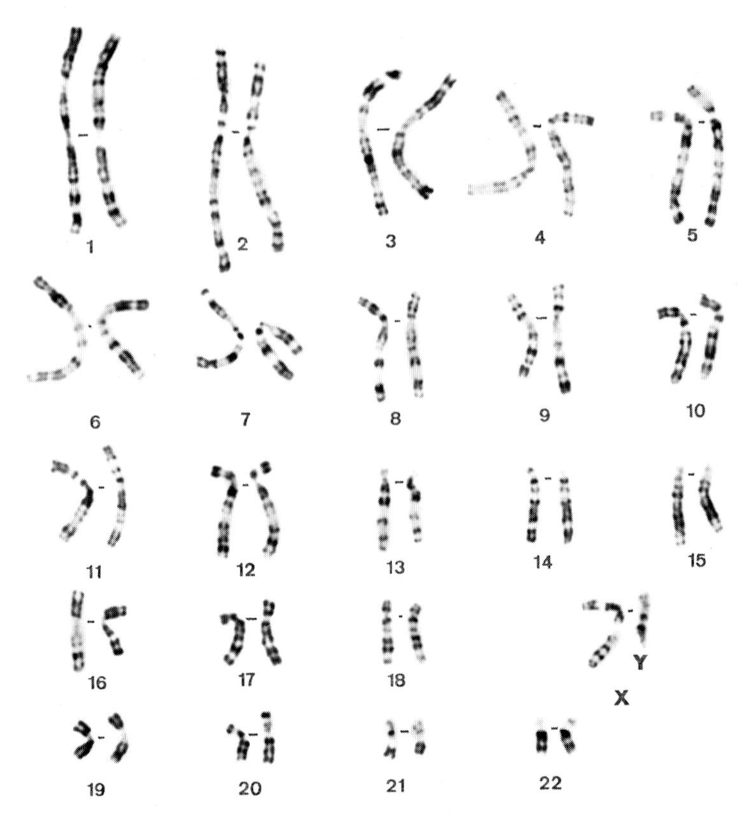

Abb. 27 Prometaphase mit R-Banden, die nach der gleichen Behandlung wie bei der Abbildung 26 gewonnen wurden. Obwohl man mit dieser Behandlung zahlreiche Prophasen erhält, wird dieses Stadium nicht gezeigt, weil es zu große Abbildungen erfordern würde.

Dann wird auf kalte und feuchte Objektträger aufgetropft und mit Acridin-Orange (s. S. 17) oder einer modifizierten FPG-Technik gefärbt.

Dazu wird der Objektträger 15 Minuten lang in eine Lösung von 1 mg Hoechst 33258 in 100 ml destilliertem Wasser getaucht, gespült und mit SSC X2 überschichtet.

Anschließend legt man den Objektträger in eine Petrischale, die ein mit SSC X2 getränktes Filterpapier enthält.

Diese Petrischale bringt man in den Strahlengang einer Quecksilberdampflampe (Typ HBO 200); dazu verwendet man dasselbe Licht wie in der Fluoreszenzmikroskopie. Um senkrechtes Licht auf die flache Petri schale zu erhalten, wird empfohlen, einen um 45° geneigten Spiegel in de

Strahlengang zu stellen. Der gesamte Lichtweg ist in der Regel 30 bis 40 cm lang.

Man kann auch eine Fluoreszenzröhre verwenden, Typ „Schwarzes Licht", die weniger kostspielig ist als eine Quecksilberdampflampe. Die Objektträger haben dann eine Entfernung von ungefähr 10 cm zur Röhre.

Zur gleichzeitigen Bestrahlung kann man auch mehrere Objektträger übereinanderlegen.

Nach einigen Minuten Bestrahlung wird die Petrischale, die auf einem matt-schwarzen Untergrund liegt, eine Temperatur von mehr als 50° C erreichen. Sie sollte dann etwa 1 Stunde im Strahlengang belassen werden.

Anschließend werden die Objektträger unter fließendem Wasser gespült und mit einer 1,5%igen Giemsa-Lösung 7 Minuten lang gefärbt.

Nur durch diese Behandlung erhält man die unterschiedlichen Darstellungsformen, von denen wir bereits gesprochen haben.

Es kann passieren, daß die Chromosomen mit Giemsa überfärbt sind. In diesem Fall reicht es, wenn man nach der Entfettung mit Toluol die Objektträger ein oder zwei Stunden lang mit SSC X2 bei 60° C (Verbesserung vorwiegend der G-Banden) oder sie 20 bis 60 Sekunden lang mit Earle's Lösung, pH 6,5, bei 87° C behandelt (Verbesserung vor allem der R-Banden).

Falls nötig, können auch mehrere aufeinanderfolgende Färbevorgänge durchgeführt werden.

Man kann außerdem sowohl die Dauer und die Art der UV-Exposition oder die Dauer der Giemsafärbung und deren Konzentration als auch die Dauer der thermischen Behandlung variieren. Man soll nun nicht denken, daß durch die verschiedenen Abwandlungen dieses Verfahren schwierig oder unsicher sei. Es ist schließlich einfach durchzuführen, ist vielseitig anwendbar und gibt jedes Mal eine ausgezeichnete Chromosomendarstellung.

4 Bestimmung des Sex-Chromatins

X-Körperchen (Barr-Body)

Obwohl es sich genau genommen nicht um eine Chromosomenuntersuchung handelt, ist die Suche nach dem Barr-Körperchen oft ein Teil der Karyotypuntersuchung. Sie ist deshalb interessant, weil sie die Feststellung des Gonosomensatzes in Geweben (Epithel der Mundschleimhaut) erlaubt, deren Karyotyp üblicherweise nicht untersucht wird.

□ Techniken. – Sie sind zahlreich; die, die wir hier beschreiben werden, ist von der Technik nach Moore und Barr (1955) abgeleitet. Die Entnahme wird durch Abschaben der Wangeninnenseite mit einem Metallspatel oder einem Glasstab durchgeführt. Die so gewonnene Zellmenge wird schnell in dünner Schicht auf einem sauberen Objektträger ausgestrichen. Dieser wird dann sofort in Carnoy's Lösung 30 Minuten lang fixiert, luftgetrocknet und in 5 n HCl bei Zimmertemperatur 20 Minuten lang hydrolysiert. Anschließend wird der Objektträger 3 Minuten lang unter fließendem Wasser gespült und 5 Minuten lang in eine 0,5%ige wäßrige Lösung von Kresolviolett getaucht. Nach erneuter Spülung unter fließendem Wasser läßt man den Objektträger trocknen. Die Färbung kann auch mit einer 0,1%igen wässrigen Lösung von Toluidinblau durchgeführt werden.

□ Ergebnisse. – Sex-Chromatin erscheint in Gestalt eines dunkelblauen Körperchens, das der Kernmembran anhaftet. Im allgemeinen zählt man insgesamt 200 Kerne aus und gibt die Anzahl derjenigen, die ein (oder mehrere) Körperchen besitzen, an. Es sind maximal so viele Körperchen pro Kern vorhanden, wie es X-Chromosomen minus 1 im Karyotyp des Individiums gibt. Bei einer normalen Frau zeigt nur ein Teil der Zellen dieses Körperchen, und zwar 5 bis 30% der Zellen des Mundschleimhautepithels und 70 bis 90% der kultivierten Fibroblasten. Außerdem kann man auch Größenanomalien des Körperchens beurteilen.

Obwohl es sich um eine einfache Untersuchung handelt, ist das Befunden der Präparate schwierig und bringt oft falsche Interpretationen mit sich. Bei kultivierten Zellen (Fibroblasten) ermöglicht eine Färbung mit Acridin-Orange (s. S. 17) eine bessere Unterscheidung zwischen dem Körperchen und dem Rest des Chromatins und erlaubt eine Lokalisierung des Körperchens in bezug auf den Nukleolus (Abb. 28).

Y-Körperchen

Wir haben gesehen, daß nach Quinacrin-Mustard-Färbung (Q-Banden) das Y-Chromosom beim Mann ein sehr stark fluoreszierendes Segment in der

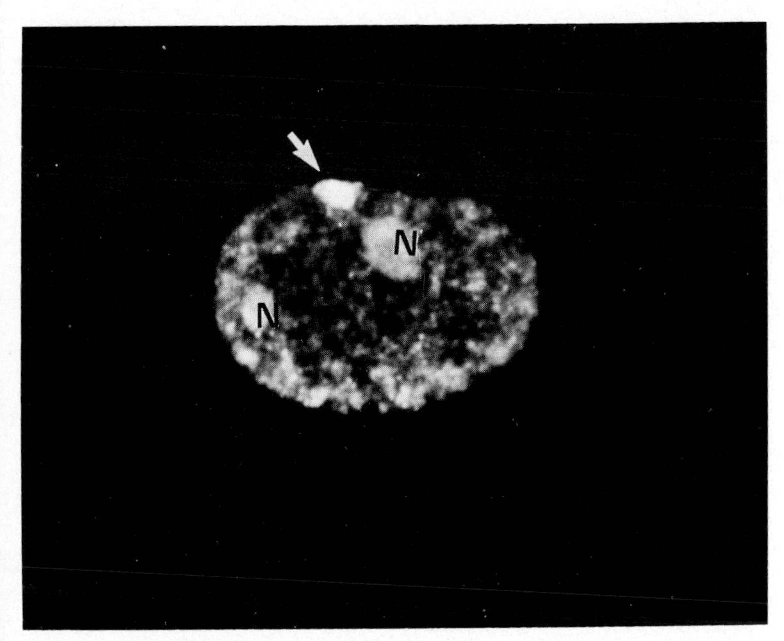

Abb. 28 Ein Fibroblastenkern in der Interphase zeigt ein Barr-Körperchen (Pfeil); Acridin-Orange-Färbung. Die Nukleolen (N) sind rot gefärbt

Gegend seines langen Armes aufweist. Dieses Segment läßt sich auch in der Interphase als fluoreszierendes Körperchen erkennen (Y-Körperchen). Das Y-Körperchen kann in zahlreichen Geweben nachgewiesen werden (Wangenabstrich, Amnionzellen, Fibroblasten, Spermatozyten usw.) (Pearson und Mitarb., 1970). Abstrichpräparate werden 30 Minuten lang mit Carnoy fixiert, abgetropft und getrocknet. Die Färbungstechnik ist die gleiche wie die bei den Q-Banden beschriebene (s. S. 24). Bei der Beobachtung der Fluoreszenz findet man ein oder mehrere leuchtende Körperchen, die mehr oder weniger an der Kernmembran haften. Man kann in jeder Zelle soviel Y-Körperchen beobachten, wie das Individuum Y-Chromosomen in seinem Chromosomensatz besitzt. Die Interpretation der Abbildungen ist manchmal schwierig, da ein eventuelles Auftreten eines sehr stark fluoreszierenden, heterochromatischen Markers (z.B. die perizentrische Region des Chromosoms 3) falsch positive Ergebnisse vortäuschen kann.

5 Mikroskopische Beobachtung und Mikrophotographie

Mikroskopische Beobachtung

Beobachtung unter normalem Licht

Bei den Beobachtungen im Hellfeld werden die Mitosen bei schwacher Vergrößerung (10fach) aufgesucht und durch ein Vergrößerungsobjektiv (100fach) analysiert und photographiert. Wünschenswert ist ein Objektiv mit Irisblende wie bei der Fluoreszenz, wo es unbedingt notwendig ist (s. unten). Bei Beobachtung unter normalem Licht wird die Iris vollständig geöffnet; außerdem kann man einen grünen Filter verwenden.

Für Beobachtungen und Photographie im Phasenkontrast wird ein Orange-Filter empfohlen.

Fluoreszenzbeobachtung

Dazu benötigt man eine Apparatur, die ganz dem verwendeten Material und den Fluorochromen angepaßt ist. Zur Zeit stehen zwei Anregungssysteme zur Verfügung:

Anregung im Durchlicht. – Dies ist die ältere Methode. Die Strahlung aus der Lampe (vorwiegend eine Quecksilber-Dampflampe HBO 200 W) wird gefiltert (Anregungsfilter), geht durch das Präparat und kommt zusammen mit der Fluoreszenzstrahlung zu einem Sperrfilter, der nur die Fluoreszenzstrahlung passieren läßt. Dieses System setzt die Ölimmersion der frontalen Kondensorlinse sowie eine exakte Höheneinstellung des Kondensors voraus, um eine optimale Fokussierung der einfallenden Strahlen zu gewährleisten. Legt man jedoch Wert auf die Intensität der Anregungsstrahlung und die eventuelle Nähe des Emissions- bzw. Absorptionsmaximums des Fluorochroms, so ist es mit dieser Anordnung schwierig, den Hintergrund vollkommen zu unterdrücken, ohne dabei gleichzeitig die Intensität der Fluoreszenzstrahlung zu schmälern. Die Verwendung eines schwarzen Hintergrundes sollte beim Durchlichtverfahren obligat sein, um diesen Nachteil zu beseitigen; dies wiederum erfordert größere Anregungsenergien, die nur mit Interferenzfiltern zu erreichen sind.

Anregung durch „Reflexion" oder Auflicht-Fluoreszenz. – Der Ausdruck Reflexion ist nicht ganz richtig; er rührt daher, daß die Anregungs- und Fluoreszenzstrahlung teilweise parallel laufen, aber in entgegengesetzten Richtungen. Das Anregungslicht wird nach der Filterung mit Hilfe eines dichromatischen Spiegels in das Innere des Objektivs reflektiert und gelangt somit auf die Präparate-Oberseite. Die Fluoreszenzstrahlung passiert dann wieder das Objekt und durchquert den dichromatischen Spiegel sowie den Sperrfilter; letzterer eliminiert den nicht absorbierten Teil der Anregungsstrahlung, der noch in dieser Richtung verläuft. Dieser Aufbau hat theoretisch mehrere Vorteile: Das Objektiv wirkt auf die Anregungsstrahlung wie ein Kondensor; die optimale Fokussierung ist erreicht, wenn das Bild scharf ist. Außerdem laufen die Anregungs- und Fluoreszenzstrahlung in umgekehrter Richtung, so daß man letztere sehr sauber abtrennen kann.

Auch wenn das zweite System theoretisch besser erscheint, so ist seine Überlegenheit in der Praxis nicht so deutlich, besonders bei bestimmten zytogenetischen Untersuchungen. Die Ergebnisse der Färbung mit Quinacrin-Mustard sind gut, die der Acridin-Orange-Färbung dagegen unbeständig: Man sieht oft ein schnelles Verblassen der Fluoreszenz, was mitunter das Photographieren beeinträchtigt. Außerdem ist bei der Acridin-Orange-Färbung (besonders nach BrdU-Inkorporation) eine bestimmte „Reife" des Bildes notwendig, um die hellgrünen von den dunkelroten Regionen gut unterscheiden zu können. Diese Reife erhält man durch eine längere Bestrahlung (ca. ein bis zwei Minuten) mit dem Anregungslicht. Die Zeiten, die durch die Fluoreszenzausrüstung für die Reflexion dafür zur Verfügung stehen, reichen aber nicht aus; es resultiert ein schnelles Verblassen des Bildes. Dies hängt wahrscheinlich damit zusammen, daß die Eigenschaften der zur Zeit verfügbaren Anregungsfilter den Chromosomenpräparaten schlecht angepaßt sind; leider ist die Auswahl der möglichen Kombinationen sehr begrenzt. Nach unserer Erfahrung sind schließlich die besten Ergebnisse nach Acridin-Orange-Färbung im Durchlichtverfahren mit den Anregungsfiltern BG 38 + BG 12 und dem Sperrfilter 50 (eventuell auch mit dem rotabschwächenden Filter 65) auf hellem Hintergrund, oder mit BG 38 + Interferenzfilter KP 500 und dem gleichen Sperrfilter auf schwarzem Hintergrund erzielt worden. Bei der Beobachtung und Mikrophotographie wird die Irisblende des 100fach-Objektivs nur so weit geschlossen, wie für die Eliminierung der Streustrahlung notwendig ist, um nicht die Intensität des Fluoreszenzbildes zu sehr abzuschwächen (die Öffnung wird im allgemeinen auf die Hälfte verkleinert).

Mikrophotographie

Hier sollte man feinkörnige Filme benutzen. Wir möchten zwei Filme, die gute Ergebnisse liefern, einschließlich ihrer Entwicklungsbedingungen nennen:

– KODAK RECORDAK AHU 5786, 8 Minuten bei 20° C in einer 1 + 9-Verdünnung von KODAK PL 12 entwickeln.

– AGFA ORTHO 25, 10 Minuten bei 20° C in einer 1 + 24 verdünnten RODINAL-Lösung entwickeln.

Die Empfindlichkeit dieser beiden Filme liegt unter mikrophotographischen Aufnahmebedingungen bei ungefähr 25 ASA. Trotz dieser schwachen Empfindlichkeit können beide Filme sowohl in der Photographie bei normalem Licht als auch bei Fluoreszenz gleich gut verwendet werden. Für die Durchlichtfluoreszenz wird man trotzdem dem etwas empfindlicheren AGFA-Film den Vorzug geben. Im Gegensatz dazu könnte man auf die Idee kommen, ob man nicht einen schnellen Film bei der Fluoreszenzphotographie verwenden sollte im Glauben, das Bild hätte eine geringe Intensität: Ein Gewinn an Schärfe durch eine kürzere Belichtungszeit wird jedoch durch die schlechte Auflösung dieser hochsensiblen Filme nicht erreicht. Damit der Film so viel wie möglich belichtet wird, sollte das Mikroskop so ausgestattet sein, daß nach der Scharfeinstellung das gesamte fluoreszierende Bild auf den Film gelangen kann. Die Belichtungszeit wird manuell oder automatisch, je nach Gerät, bestimmt. Die Belichtungsdauer beträgt ca. 3 Minuten bei der Färbung mit Quinacrin-Mustard und den T-Banden nach Acridin-Orange-Färbung, und ca. 1 Minute bei Präparaten, die BrdU inkorporiert haben und mit Acridin gefärbt wurden.

Abzüge werden auf KODABROM- oder gleichwertigem Papier gemacht, im allgemeinen im Format 18 x 24 cm. Da die Negative etwa 7fach vergrößert werden, ergibt sich schließlich eine 2800fache Gesamtvergrößerung Für Bilder mit normalem Licht benutzt man die Körnung G2 (normal), für die Fluoreszenz sowie die Färbung mit Acridin-Orange G3 und für die Färbung mit Quinacrin-Mustard G5 (hart).

6 Nomenklatur

Die zur Zeit in den meisten Laboratorien verwendete Nomenklatur ist im Verlauf mehrerer Konferenzen aufgestellt worden: Denver 1961, Chicago 1966, Paris 1971 und Stockholm 1977.

Die wichtigsten Richtlinien sind in einem Band zusammengefaßt worden (ISCN, 1978). Lediglich die Nomenklatur von Prophase- oder Prometaphasechromosomen ist Gegenstand eines Anhanges. Wir wollen hier nicht die Einzelheiten dieser Nomenklatur wiedergeben, da dazu ein ganzer Band notwendig wäre. Die Abb. 29 gibt die Nomenklatur der R- und Q-Banden von Metaphasechromosomen wieder.

Wir werden der Einfachheit halber nur die allgemeinen Prinzipien dieser Nomenklatur und einige Beispiele ihrer Anwendung in der Pathologie anführen.

Normale und pathologische Chromosomensätze

Der Chromosomensatz eines Individuums wird durch die diploide Anzahl seiner Chromosomen und zusätzlich seiner Geschlechtschromosomenformel angegeben:

46,XX und 46,XY jeweils bei einer normalen Frau und einem normalen Mann.

Die verschiedenen lebensfähigen, autosomalen Trisomien werden wie folgt symbolisiert:

47,XY, + 21
47,XX, + 18
47,XX, + 13
47,XY, + 8.

Die charakteristischen numerischen Gonosomenaberrationen sind:

47,XXY (= Klinefelter Syndrom)
45,X (= Turner Syndrom)
47,XXX
48,XXXX
48,XXXY
49,XXXXY
47,XYY (= XYY-Syndrom).

Die numerischen Autosomen- oder Gonosomenaberrationen können auch in einem Mosaik vorliegen, d.h. jeweils nur in einem Teil der Zellen:

46,XX/47,XX, + 21: eine normale und eine Trisomie 21-Zell-Linie.

46,XY/47,XXY: eine normale und eine XXY (Klinefelter)-Zell-Linie.

45,X/46,XX/47,XXX: eine X (Turner), eine normale (XX) und eine Triplo-X (XXX)-Zell-Linie.

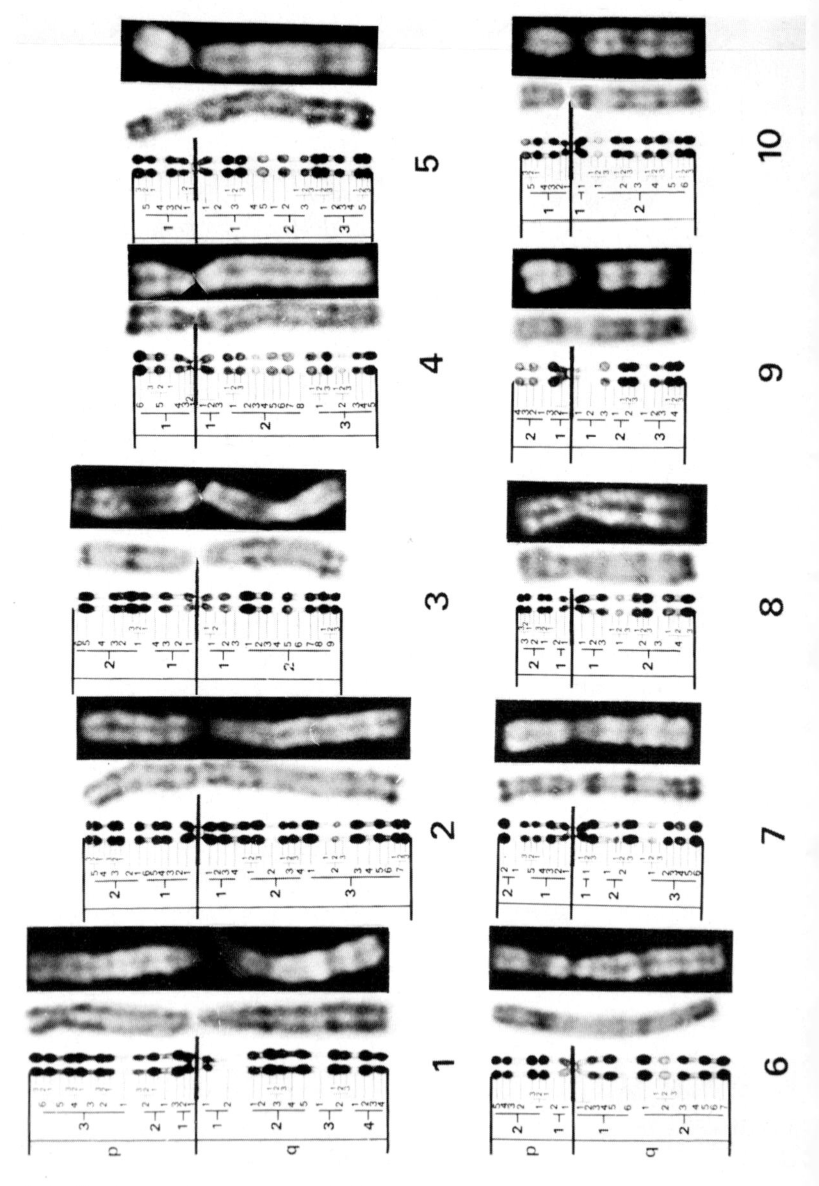

Abb. 29 Nomenklatur des menschlichen Karyotyps nach Prieur und Mitarb. (1973). Chromosomen mit R-Banden (links) und Q-Banden (rechts)

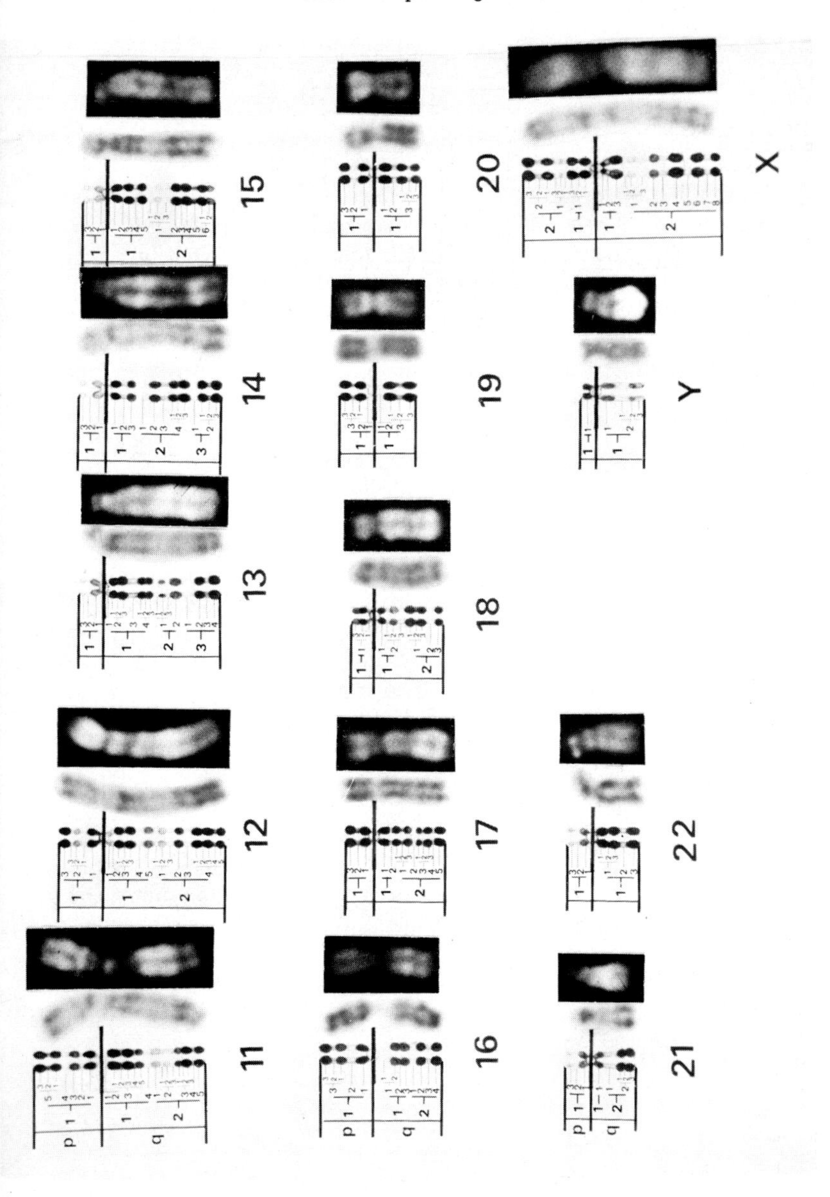

Abb. 29 (Fortsetzung)

Chromosomenklassifikation und Bandennomenklatur

Die früher gültige Klassifikation des menschlichen Karyotyps in die Gruppen A bis G ist seit der Verwendung von Markierungen, die jedes Chromosomenpaar erkennen lassen, nicht mehr gebräuchlich.

Diese Klassifikation ist für den Menschen exakt festgelegt; Beispiele dafür sind die Abbildungen von Karyotypen in diesem Buch.

Für bisher nicht untersuchte Arten gibt es keine allgemeinen Regeln zur Festlegung der Klassifikation des Karyotyps.

Als Hauptkriterien bleiben die relative Größe des Chromosoms und die Lage des Zentromers bestehen, wodurch die Form bestimmt wird: metazentrisch (Zentromer in der Mitte), akrozentrisch (distales Zentromer) und submetazentrisch (Zentromer in intermediärer Lage).

Zu diesen beiden Kriterien paßt dann noch gut die Markierung, denn nur mit dieser vermag man richtig zu identifizieren.

Im allgemeinen ordnet man zuerst die meta- oder submetazentrischen Chromosomen nach abnehmender Größe und dann die akrozentrischen Chromosomen. Da es keine strengen Regeln gibt, herrscht große Verwirrung, wenn der Karyotyp ein und derselben Spezies in mehreren Klassifikationen erscheint.

Auch die Bandennomenklatur ist von einer Spezies zur anderen nicht einheitlich, weshalb man bei der Klassifikation menschlicher Chromosomen mit einer Quasi-Einstimmigkeit zufrieden sein muß.

Jeder Arm ist durch die Buchstaben p (kurzer Arm) und q (langer Arm) symbolisiert und in Regionen unterteilt (1 bis 4); diese werden durch zytologische Merkmale (sehr stark oder sehr schwach gefärbte Banden) begrenzt und in Banden unterteilt.

So wird die 2. Bande der 3. Region des kurzen Armes des Chromosoms 1 durch 1 p 32 definiert. Die Numerierung der Banden und der Regionen wird von den Zentromeren zu den Telomeren hin durchgeführt.

Die Banden können in Unterbanden, und diese selbst wiederum in weitere unterteilt werden, z.B. 1 p 32.12.

Die Bandenunterteilungen sind durch einen Punkt in der Formel gekennzeichnet. Sie sind vor allem bei einer Untersuchung von Prophasechromosomen notwendig.

Nomenklatur der Strukturaberrationen

Die Translokationen, die vorwiegend aus einem Segmentaustausch zwischen zwei Chromosomen resultieren, werden durch *t* symbolisiert.

t rcp bedeutet: reziproke Translokation

t rob bedeutet: Robertson'sche Translokation, auch zentrische Fusion genannt. Die Translokationen werden außerdem noch durch die Nummern der betroffenen Chromosomen und die Lage der Bruchpunkte definiert:

t rcp (5; 7) (p 13; q 22).

Die Nummern der Chromosomen werden in der ersten Klammer, die Lage der Bruchpunkte in derselben Reihenfolge in der zweiten Klammer angegeben.

t rob (13q; 14q) bezeichnet eine Translokation zwischen den Chromosomen 13 und 14, wobei die Bruchpunkte in Zentromernähe liegen, aber nicht genau zu lokalisieren sind.

Die Inversionen stellen eine zweite, große Gruppe von Strukturaberrationen dar:

inv (4) (p 12; q 31) charakterisiert eine perizentrische Inversion des Chromosoms 4 nach einem Bruch in den Banden p 12 und q 31.

inv (5) (q13; q 32) charakterisiert eine parazentrische Inversion (zwei Brüche des langen Armes).

Unter den weiteren Aberrationen sind die Deletionen (*del*) und die Ringchromosomen (*r*) eher eine Ausnahme in der Pathologie des Menschen.

Die dizentrischen Chromosomen (*dic*) sowie in gewissem Sinne auch die Ringchromosomen sind erworbene Aberrationen, z.B. nach Bestrahlung.

Es gibt noch viele andere Aberrationen, die wir aber hier nicht alle nennen möchten. Für ein gründliches Studium dieser Nomenklatur verweisen wir auf das bereits erwähnte ISCN (1978).

Literatur

Angel R.R., Jacobs P.A. (1975). – Lateral asymmetry in human constitutive heterochromatin. *Chromosoma* (Berl.), **51**, 301

Arrighi F.E., Hsu T.C. (1971). – Localisation of heterochromatin in human chromosomes. *Cytogenetics* **10**, 81

Bell S., Wolff S. (1966). – Effects of FUdR and thymidine on incorporation of deoxycytidine into DNA of Vicia faba. *Exp. Cell. Res.* **42**, 408

Bloom S.E., Goodpasture C. (1976). – An improved technique for silver staining of nucleolar organizer regions in human chromosomes. *Hum. Genet.* **34**, 199

Bobrow M., Collacott, H.E.A.L., Madan K. (1972a). – Chromosome banding with acridine orange. *Lancet* ii, 1311

Bobrow M., Madan K., Pearson P.L. (1972b). – Staining of some specific regions of human chromosomes, particularly the secondary constriction of n° 9. *Nature* (New Biol.), **238**, 122

Boué J., Nicolas H., Barichard F., Boué A. (1979). – Le clonage des cellules du liquide amniotique, aide dans l'interprétation des mosaïques chromosomiques en diagnostic prénatal. *Ann. Génét.* **22**, 3

Carpentier S., Dutrillaux B., Lejeune J. (1972). – Effets du milieu ionique sur la dénaturation thermique ménagée des chromosomes humains. *Ann. Génét.* **15**, 203

Caspersson T., Zech L., Johansson C. (1970). – Analysis of human metaphase chromosome set by aid of DNA-binding fluorescent agents. *Exp. Cell Res.* **62**, 490.

Couturier J., Cuny G., Hudson A.P., Dutrillaux B., Bernardi G. (1982). – Cytogenetical and biochemical characterization of a dG + dc-rich satellite DNA in the primate *Cebus capucinus. Biochimie* **64** (6), 443–450

Couturier J., Dutrillaux B., Lejeune J. (1973). – Étude des fluorescences spécifiques des bandes R et des bandes Q des chromosomes humains. *C.R. Acad. Sci.* (Paris), **276**, 339

Craig-Holmes A.P., Shaw M.W. (1971). – Polymorphism of human constitutive heterochromatin. *Science* **174**, 702

Dutrillaux B. (1971). – La culture de cellules germinales mâles: méthodes et applications. *Ann. Génét.* **14**, 157

Dutrillaux B. (1973). – Nouveau système de marquage chromosomique: les bandes T. *Chromosoma* (Berl.) **41**, 395

Dutrillaux B. (1975a). – Sur la nature et l'origine des chromosomes humains. Monographie des Annales de Génétique. L'Expansion Scientifique, Paris

Dutrillaux B. (1975b). – Obtention simultanée de plusieurs marquages chromosomiques sur les mêmes préparations après traitement par le BrdU. *Hum. Genet.* **30**, 297

Dutrillaux B., Couturier J., Fosse A.M. (1980). – The use of high resolution banding in comparative cytogenetics: comparison between man and *Lagotrix lagotricha. Cytogenet. Cell Genet.* **27**, 45

Dutrillaux B., Couturier J., Richer C.L., Viegas-Péquignot E. (1976). – Sequence of DNA replication in 277 R- and Q-bands of human chromosomes using a BrdU treatment. *Chromosoma* (Berl.) **58**, 51

Dutrillaux B., Covic M. (1974). – Etude des facteurs influençant la dénaturation thermique ménagée. *Exp. Cell Res.* **85**, 143

Dutrillaux B., Fosse A.M., Prieur M., Lejeune J. (1974). – Analyse des échanges de chromatides dans les cellules somatiques humaines. Traitement au BUDR (5-bromodéoxyuridine) et fluorescence bicolore par l'acridine orange. *Chromosoma* (Berl.) **48**, 327.

Dutrillaux B., Grouchy J. de., Finaz C., Lejeune J. (1971). – Mise en évidence de la structure fine des chromosomes humains par digestion enzymatique (pronase en particulier). *C.R. Acad. Sci.* (Paris) **273**, 587

Dutrillaux B., Laurent C., Couturier J., Lejeune J. (1973). – Coloration par l'acridine orange des chromosomes préalablement traités par le 5-bromodéoxyuridine (B.U.D.R.). *C.R. Acad. Sci.* (Paris) **276**, 3179

Dutrillaux B., Lejeune J. (1971). – Sur une nouvelle technique d'analyse du caryotype humain. *C.R. Acad. Sci.* (Paris) **272**, 2638

Dutrillaux B., Viegas-Péquignot E. (1981). – High resolution of R- and G-banding on the same preparation. *Hum. Genet.* **57**, 93

Evans E.P., Breckon G., Ford C.E. (1974). – An air drying method for meiotic preparation from mammalian tests. *Cytogenetics* **3**, 289

Fonatsch C. (1979). – A technique for simultaneous demonstration of G-bands and sister chromatid exchanges. *Cytogenet. Cell Genet.* **23**, 144

Francke U., Oliver N. (1978). – Quantitative analysis of high-resolution trypsin-Giemsa bands on human prometaphase chromosomes. *Hum. Genet.* **45**, 137

Fucik W., Michaelis A., Rieger R. (1970). – On the induction of segment extension and chromatid structural changes in *Vicia faba* chromosomes after treatment with 5-azacytidine and 5-azadeoxyuridine. *Mutation Res.* **9**, 599

Funaki N., Matsui S., Sasaki M. (1975). – Location of nucleolar organizers in animal and plant chromosomes by means of an improved N-banding technique. *Chromosoma* (Berl.) **49**, 357

Gagné R., Laberge C. (1972). – Specific cytological recognition of the heterochromatic segment of number 9 chromosome in man. *Exp. Cell Res.* **73**, 239

Gall J., Pardue M.L. (1971). – Nucleic acid hybridization in cytological preparations. In: *Methods in Enzymology* **21**, pp. 470–480

German J.L. (1964). – The pattern of DNA synthesis in the chromosomes of human blood cells. *J. Cell Biol.* **20**, 37

Gosden J.R., Buckland R.A., Clayton R.P., Evans H.J. (1975). – Chromosomal localisation of DNA sequences in condensed and dispersed human chromatin. *Exp. Cell Res.* **92**, 138

ISCN: An International System for Chromosome Nomenclature. *Birth Defects: Original Article Series.* The National Foundation. March of Dimes. Vol. XIV, n° 8, 1978

Jones K.W. (1973). – The method of in situ hybridisation. In: *New techniques in biophysics and cell biology.* R.H. Pain et J. Smith ed., pp. 29–66. John Wyley, Chichester, Sussex

Korenberg J.R.F., Freedlender E.F. (1974). – Giemsa technique for the detection of sister chromatid exchanges. *Chromosoma* (Berl.) **48**, 355

Latt S.A. (1973). – Microfluorometric detection of deoxyribonucleic acid replication in human metaphase chromosomes. *Proc. Nat. Acad. Sci.* (Wash.) **70**, 3395

Latt S.A., Davidson R.L., Lin M.S., Gerald P.S. (1974). – Lateral asymmetry in the fluorescence of human Y chromosome stained with 33258 Hoechst. *Exp. Cell Res.* **87**, 425

Latt S.A., Stetten G., Juergens L.A., Buchanan G.R., Gerald P.S. (1975). – Induction by alkylating agents of sister chromatid exchanges and chromatid breaks in Fanconi anemia. *Proc. Nat. Acad. Sci.* (Wash.) **72**, 4066

Lin M.S., Latt S.A., Davidson R.L. (1974). – Microfluorometric detection of asymmetry in centromeric region of mouse chromosome. *Exp. Cell Res.* **86**, 392

Luciani J.M., Morazzani M.R., Stahl A. (1975). – Identification of pachytene bivalents in human male meiosis using G-banding technique. *Chromosoma* (Berl.) **52**, 275
Mac Gregor H., Mizuno S. (1976). – In situ hybridization of „nick translated" ^{3}H ribosomal DNA to chromosomes from Salamanders. *Chromosoma* (Berl.) **54**, 15
Moore K.L., Barr M.L. (1955). – Smears from the oral mucosa in the detection of chromosomal sex. *Lancet*, ii, 57
Moorhead P.S., Novell P.C., Mellman W.J., Battips D.M., Hungerford D.A. (1960). – Chromosome preparations of leucocytes cultured from human peripheral blood. *Exp. Cell Res.* **20**, 613
Palmer C.G. (1970). – 5-bromodeoxyuridine-induced constrictions in human chromosomes. *Canad. J. Genet. Cytol.* **12**, 816
Pardue M.L., Gall J. (1975). – Nucleic acid hybridization to the DNA of cytological preparations. In: *Methods in enzymology*, **10**, pp. 1–16
Pearson P.L., Bobrow M., Vosa C.G. (1970). – Technique for identifying Y chromosomes in human interphase nuclei. *Nature* **226**, 78
Perry P., Evans H.L. (1975). – Cytological detection of mutagen exposure by sister chromatid exchange. *Nature* **258**, 121
Perry P., Wolff S. (1974). – New Giemsa method for the differential staining of sister chromatids. *Nature* **251**, 156
Prieur M., Dutrillaux B., Lejeune J. (1973). – Planches des chromosomes humains (Analyse en bandes R et nomenclature selon la conférence de Paris, 1971). *Ann. Génét.* **16**, 39
Sanchez O., Yunis J.J. (1974). – The relationship between repetitive DNA and chromosomal bands in man. *Chromosoma* (Berl.) **48**, 191
Saunders G.F., Hsu T.C., Getz M.J., Simes E.L., Arrighi F.E. (1972). – Locations of human satellite DNA in human chromosomes. *Nature* (New Biol.) **236**, 244
Scheres J.M.J.C. (1976). – CT banding of human chromosomes. The role of cations in the alkaline pretreatment. *Hum. Genet.* **33**, 167
Schnedl W. (1971). – Banding pattern of human chromosomes. *Nature* (New Biol) **233**, **93**
Schweitzer D., Ambros P., Andrle M. (1978). – Modification of DAPI banding on human chromosomes by prestaining with a DNA-binding oligopeptid antibiotic, distamycin A. *Exp. Cell Res.* **111**, 327
Seabright M. (1971). – A rapid banding technique for human chromosomes. *Lancet*, ii, 971
Sehested J. (1974). – A simple method for R-banding of human chromosomes, showing a pH-dependent connection between R and G bands. *Humangenetik* **21**, 55
Shafer D.A. (1973). – Banding human chromosomes in culture with actinomycin D. *Lancet*, i, 828
Skovby F. (1975). – Nomenclature: Additional chromosome bands. *Clin. Genet.* **7**, 21
Sobell H.M., Jain S.C. (1972). – Stereochemistry of actinomycin binding to DNA. II. Detailed molecular model of actinomycin-DNA complex and its implication. *J. Mol. Biol.* **68**, 21
Steffensen D.M.: (1977). – Human gene localization by RNA-DNA hybridization *in situ*. In: *Molecular structure of human chromosomes.* J.J. Yunis ed., pp. 59–88, Academic Press, New York
Sumner A.T. (1972). – A simple technique for demonstrating centromeric heterochromatin. *Exp. Cell Res.* **75**, 304
Sumner A.T., Evans H.J., Buckland R.A. (1971). – A new technique for distinguishing between human chromosomes. *Nature* (New Biol.) **232**, 31
Szabo P., Elder R., Ullenbeck O. (1975). – The kinetics of *in situ* hybridization. *Nucleic Ac. Res.* **2**, 647

Verma R.S., Lubs H.A. (1975). – A simple R banding technic. *Am. J. Hum. Genet.* 27, 110
Viegas-Péquignot E. (1981). – Condensation et segmentation des chromosomes. Rapport R-5.059 C.E.A. France
Viegas-Péquignot E., Dutrillaux B. (1976a). – Segmentation of human chromosomes induced by 5-ACR (5-azacytidine). *Hum. Genet.* **34**, 247
Viegas-Péquignot E., Dutrillaux B. (1976b). – Modification spécifique des bandes Q et R par le 5-bromodéoxyuridine et l'actinomycine D. *Exp. Cell Res.* **98**, 338
Viegas-Péquignot E., Dutrillaux B. (1978). – Une méthode simple pour obtenir des prophases et des prométaphases. *Ann. Génét.* **21**, 122
Viegas-Péquignot E., Dutrillaux B. (1981). – Detection of G-C rich heterochromatin by 5-Azacytidine in mammals. *Hum. Genet.* **57**, 134
Xeros N. (1962). – Deoxyriboside control and synchronization of mitosis. *Nature* **194**, 682
Yunis J.J. (1976). – High resolution of human chromosomes. *Science* **191**, 1268
Yunis J.J., Roldan L., Yasmineh W.G., Lee J.C. (1971). – Staining of satellite DNA in metaphase chromosomes. *Nature* **231**, 532
Yunis J.J., Sawyer J.R., Ball D.W. (1978). – The characterization of high-resolution G-banded chromosomes of man. *Chromosoma* (Berl.) 67, 293
Zakharov A.F., Egolina N.A. (1968). – Asynchrony of DNA replication and mitotic spiralization along heterochromatic portions of Chinese hamster chromosomes. *Chromosoma* (Berl.) **23**, 365
Zakharov A.F., Egolina N.A. (1972). – Differential spiralisation along mammalian mitotic chromosomes. *Chromosoma* (Berl.) **38**, 341

Sachregister

Bezugsquellennachweis

Kulturmedien (TC 199, HAM F 10, RPMI, Eagle's)	z.B.	– Flow Laboratories GmbH Mühlgraben 10 5309 Meckenheim bei Bonn
		– Gibco Europe Postfach 210265 7500 Karlsruhe
		– Difco Laboratories Detroit, Mich., 48201, USA (Importeur: Fa. Nordwald Heinrichstr. 5 2000 Hamburg 50)
Phytohämagglutinin (PHA)	z.B.	– Deutsche Wellcome GmbH Abt. Diagnostica Postfach 1352 3006 Burgwedel 1
Reagenzien und Farbstoffe	z.B.	– Sigma Chemie GmbH München Am Bahnsteig 7 8028 Taufkirchen
Kulturgefäße	z.B.	– Becton Dickinson Postfach 101629 6900 Heidelberg
		– Ets Rossignol 59, rue de Turenne F–75003 Paris (Rossignol-Glas)
Filme und Entwicklungslösungen		– Photofachhandel